阳光知识漫
SUNSHINE KNOWLEDGE COMICS

可爱的猫狗图鉴

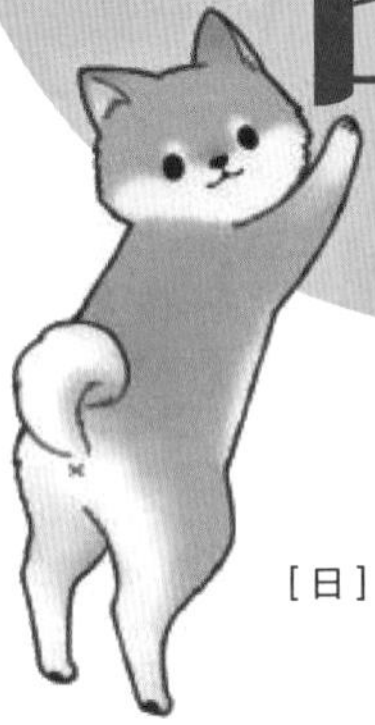

[日] 今泉忠明◎编著
李同心◎译

北京日報出版社

图书在版编目（CIP）数据

可爱的猫狗图鉴 / （日）今泉忠明编著 ； 李同心译
. -- 北京 ： 北京日报出版社，2023.12
ISBN 978-7-5477-4596-0

Ⅰ. ①可… Ⅱ. ①今… ②李… Ⅲ. ①猫一图集②犬
一图集 Ⅳ. ①S829.3-64②S829.2-64

中国国家版本馆CIP数据核字(2023)第073763号
北京版权保护中心外国图书合同登记号：01-2023-2037

可爱的猫狗图鉴

责任编辑：卢丹丹
助理编辑：秦　姣
出版发行：北京日报出版社
地　　址：北京市东城区东单三条 8-16 号东方广场东配楼四层
邮　　编：100005
电　　话：发行部：（010）65255876
总编室：（010）65252135
印　　刷：天津创先河普业印刷有限公司
经　　销：各地新华书店
版　　次：2023 年 12 月第 1 版
2023 年 12 月第 1 次印刷
开　　本：675 毫米 ×925 毫米 1/16
印　　张：8
字　　数：260 千字
定　　价：38.00 元

注：从右往左阅读

特别解说 狗的动作背后隐藏着多种情绪。狗抬起前爪的动作，有向对方示好的含义。这也被认为是狗为了表明自己没有敌意，让自己或对方冷静时所释放出的“冷静信号（Calming signal）”。上文的情形就是小汪在向小喵传达自己没有敌意，即“初次见面，我不会伤害你”的意思。

特别解说 即使是同样的姿势，猫和狗所表达的意思也可能完全不同。“抬起前爪”的动作对猫来说预示着进攻。因为猫认为自己会被狗袭击，所以才挥舞起“猫猫拳”。“猫猫拳”表示的意思也很多，但这次应该是小喵面对并不熟悉的“室友”时感到害怕，所以出于防卫的本能展开了攻势。

前言

猫狗拥有共同的祖先，都由食肉动物小古猫演化而来。猫前往森林，狗迈向平原，在适应不同环境的同时不断地演化。终于，到了现代，它们成了和我们人类最为亲近的动物。

而这样的它们也有着许多“容易被忽视的差异”。猫狗这些看起来似乎不太聪明的特性真的也很可爱，或许会让你忍俊不禁，但是它们各自演化的结果就是如此。

本书主要围绕一个主题，对比研究猫狗间有趣的差异。这种一边对比一边研究的形式希望能令大家乐

在其中。

那么，问题来了。在对猫狗的行为方式进行比较时，你认为究竟哪一方更难被理解呢？

这个问题的答案……等到“结语”部分再揭晓吧。

今泉忠明

从小古猫

一般是汪汪队
集体行动！
现代【家养犬】
分类：哺乳纲食肉目犬科
体长：约15–200厘米
分布：广泛分布于人类居所附近
在平原演化
演化出了灵活的
身体，喵。
在森林演化
现代【家养猫】
分类：哺乳纲食肉目猫科
体长：约19–75厘米
分布：广泛分布于人类居所附近

猫狗的祖先其实是同一种动物

追根究底，猫和狗拥有共同的祖先。距今约5500万年前，在恐龙灭绝不久后登场的小古猫，被认为是猫狗等食肉动物的祖先。

迈向平原的小古猫，经历重重演化，成为家养犬的祖先。在没有遮蔽的平原中，能获得猎物幸存下来的是其中跑得快的“个体”，以及不单独行动、协作狩猎的“群体”。现代的狼就是其中适应了高效化、社会化的群居生活的代表。后来，从狼群中分化出了能与人类和谐共处的“家养犬”。

演化而来？！

颅骨大
大家常说我长得像
貂和黄鼠狼。
尾巴长
身体细长，
腿短
【小古猫】
分类：哺乳纲食肉目细齿兽科
体长：约30厘米
分布：欧洲、北美洲
出现：5500万–4800万年前

而去往森林的小古猫，成为现代“家养猫”的祖先。身体稍稍变大的同时，为了方便爬树，它们演化得更加灵活。而现在仍在非洲繁衍生息的利比亚猫（African wildcat）就是其中走出森林，在热带草原生活的代表。后来，从被驯化的利比亚猫中诞生出了现代家猫。

经过人类进一步的改良，从现存的猫狗品种中相继诞生了更多的品种。

演化后的不同

狩猎方式比较起来……完全不同！

团队协作，锲而不舍地追捕大型猎物的狗
以团队的方式狩猎，由“领犬”指挥和决定“看守”“侦察”等职能的划分，分工细致。彼此沟通、协作的本领令人叹服。
暗中观察，伺机而动的孤高猎手
猫听力发达，能捕捉细微的声响，偷偷靠近。
目标就是那个家伙。
OK！队长。
轻轻地、轻轻地。

群居的狗和独居的猫

虽然拥有共同的祖先，但猫与狗的差异十分明显。

在性格上，猫狗最大的差异在于它们对待领队的态度。狗过着群居生活，在群体中有绝对的上下级。并且，下级非常乐意听从上级的命令。表达情感、互相交流也是狗群居生活的特点。

捕猎时，当然也是全员出动的。它们还有着十分合理的分工。为了获取满足全员需求的食物，狗会选择比自身体形更大的猎物进行围攻。

以及共同之处

生活方式比较起来……完全不同！

哟！大家都没事吧？
嗯嗯！队长。
汪！
汪
“领犬至上主义”的
犬系社会
等级关系明确
犬系社会以领犬为中心，团队的上下关系明确。服从领犬命令可以在团队中保全自身，也能免于饥饿的困扰。
听从什么命令？真可笑，喵。
随心所欲的猫系社会
个体独立、社会和谐
我行我素，它们不明白为什么要听从命令。但这并不代表它们中没有“领猫”的存在，只是住在同一地域中的猫维持了相对松弛的社会关系。

而猫大多独来独往。虽然同一区域的猫之间也有比较松散的上下关系，但猫没有狗那样的忠诚心与协调能力。所以，猫过着随心所欲的生活，独自狩猎。它凭借自己灵活的身体和走路时几乎不发出声音的肉球*，暗中靠近猎物；然后使用利爪攻击；最后，死死咬住猎物的头和脖子，一击致命。这就是孤高猎手的捕猎方式。猫用牙齿感受猎物最后挣扎时恍惚的表情，正是它作为“孤独美食家”的从容之姿。

*食肉动物脚掌中心部无毛的部分，在狩猎的时候可以充当脚垫，减少脚步声，利于潜行。

智商比拼
猫和狗谁更聪明？

差不多！但性格嘛……

快看！我厉害吧？
我接住了，很棒吧？
总是求夸奖的狗
·对自己记住和完成的事会感到自豪
·在群居生活中培养出了很强的交际能力
啊……我也能做到，就是觉得麻烦。
真人不露相的猫
·道理都明白，就是不想做。
·猫的态度就是“干吗一定要那样表现自己？”

为什么狗看起来更聪明

在大家的印象中，狗比猫更聪明，但实际上猫狗的智力差不多，大约相当于人类3岁小孩的智力水平。但因为狗更配合，对于可以完成的事情，狗的表现欲更强，所以狗看上去比猫聪明。

其实，猫也并不是不懂。如果它想配合，它完全也能做到，只是猫不想做而已。猫习惯了独来独往，所以它根本没有要听命于谁的意识。猫，就是这样一种特立独行的生物。

脚趾数 猫和狗谁的多？

数量一样！
但在生活中……

真可惜啊，笨蛋！
马的前蹄有
1根 脚趾

猫脚趾的特点
· 适合短距离冲刺！
· 猫能利用后趾跳跃
· 前脚可以在身体内侧自由活动
猫的前脚趾有
5根
嗷——！
等等～
猫的后脚趾有
4根
哈啊哈啊
狗脚趾的特点
· 适合长距离行走
· 因为骨骼构造，狗前脚的活动范围小
狗的前脚趾有
5根
狗的后脚趾有
4根

猫狗没演化成 1 根脚趾的遗憾

脚趾的数量会影响奔跑的速度。因为脚趾越少，重心越稳，蹬地时更能集中力量。因此，只有 1 根脚趾的马，可以说是一种追求速度的动物。当然，猫狗也想跑得更快，可惜为了生存，它们的脚趾最终没能进化成马那样*。它们一直维持着前脚 5 趾、后脚 4 趾的模样。但我认为，对于猫和狗来说，没能进化成 1 根脚趾其实也会有些遗憾。

* 猫狗是食肉动物，所以需要利用脚趾抓住、控制猎物。马是食草动物，脚趾主要用于奔跑。

目录

第1章 常被人忽视的猫狗日常

第2章 容易被忽视的猫狗品种

第3章 容易被忽视的“铲屎官”

第1章

常被人忽视的猫狗日常

猫和狗，

虽然看上去相似，但实际性格却完全不同。

和它们一起生活，

你会发现“吃饭”“睡觉”“便便”……

在猫狗的日常行为中，都有很多的“不同”，

那么，我先告诉大家我所发现的

猫和狗的不同之处吧！

猫

这个场景，看着想哭……

断母乳早的猫成年后容易暴躁

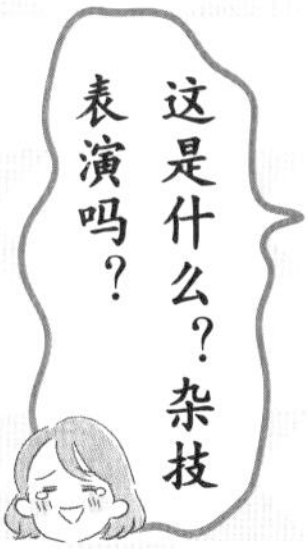
这是什么？杂技表演吗？

狗 奶狗 倒立着吃饭

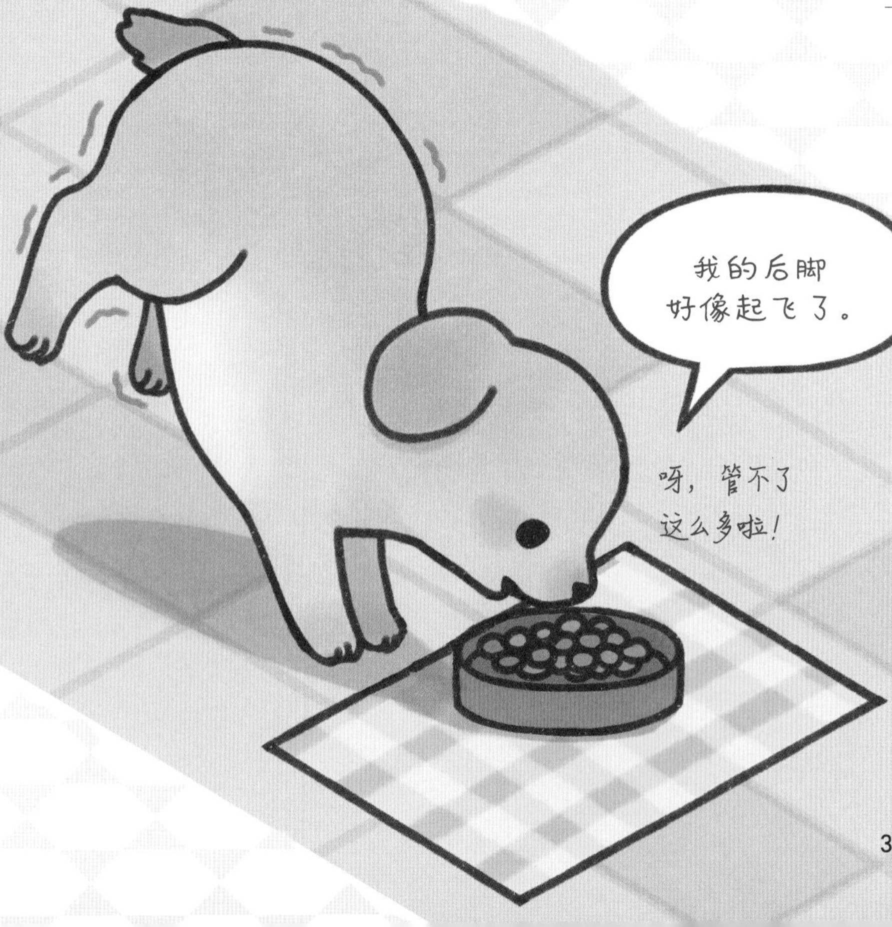
我的后脚好像起飞了。
呀，管不了这么多啦！

断母乳早的猫成年后容易暴躁

猫

不想小猫变得脾气暴躁，就让它多待在母猫身边。

奶猫的问题影响更大。根据赫尔辛基大学的研究，猫越早断母乳，越容易变得脾气暴躁。它会莫名其妙发火、乱咬……出现不能适应社会化生活的特性。

此外，断奶早的猫会用嘴巴咬着毛巾，前脚在被子上一蹬一蹬地“踩奶”，据说，这是猫在表达“好怀念妈妈的味道啊”，并借此缓解情绪。

奶狗倒立着吃饭

狗

比起粗壮有力的前脚，狗的后脚显得虚弱无力。

我的前脚发达有力！
但是后脚……
10t*
后脚虚弱无力……

虽然存在个体差异，但奶狗中倒立着吃饭的不在少数。当它们脖子用劲埋头苦吃时，重心落在前脚，所以后脚自然抬高。而奶狗的头占了身体很大的比重，所以为了支撑头部的重量，不知不觉中，它的前脚变得更加发达。此外，为了在捕猎时能够更有力地制服猎物，狗的前半身必然也会越来越发达。

* t 代表重量单位吨。1 吨等于 1000 千克。漫画为夸张效果。

猫

猫会用便便表达抗议

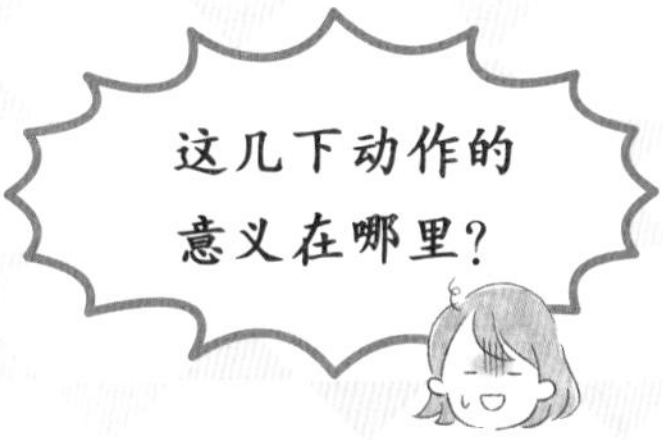
这几下动作的
意义在哪里?

狗 狗不擅长埋便便

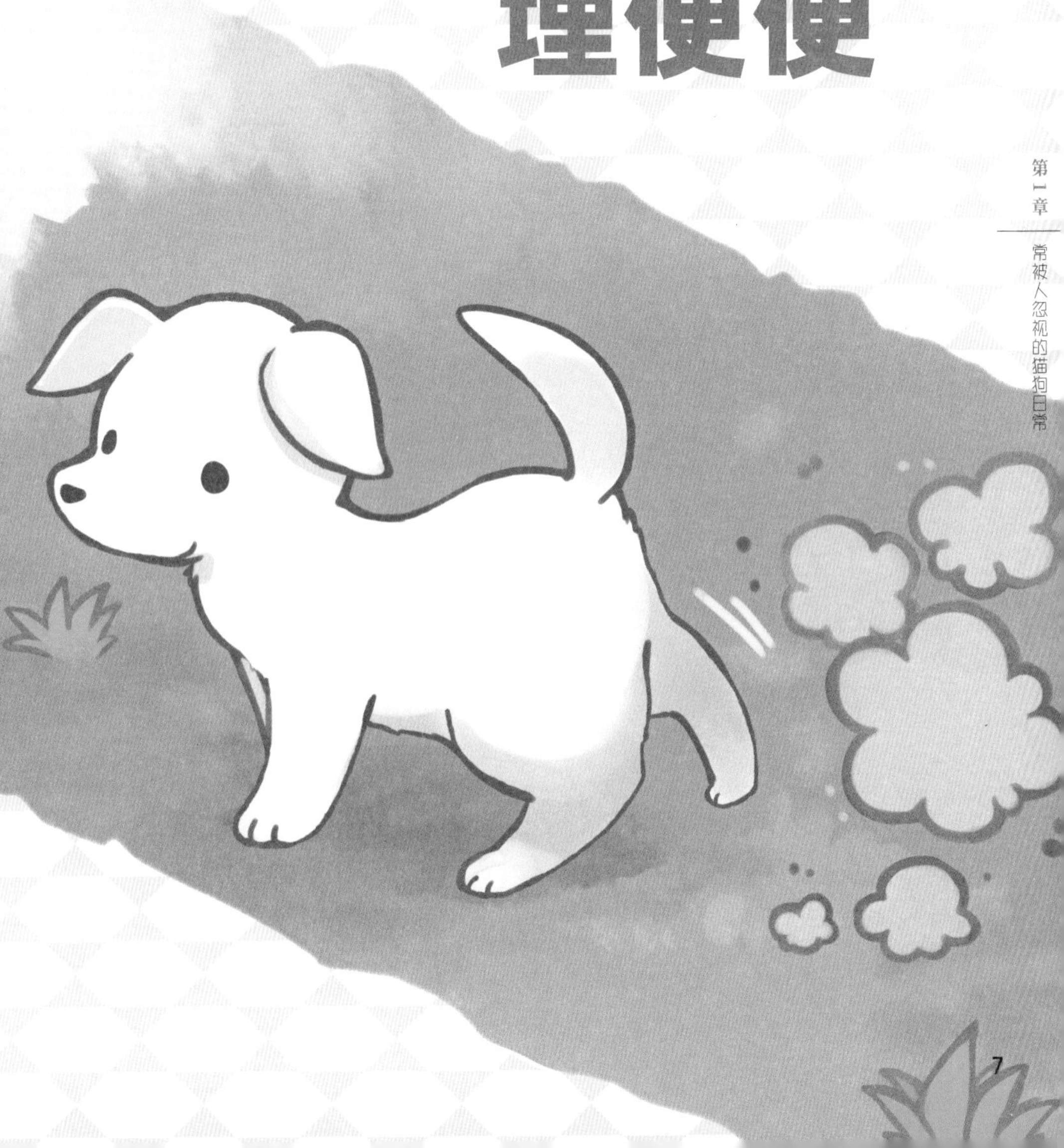

猫会用便便表达抗议

猫

猫用便便表达抗议！喜欢改变布局的家庭要提防猫咪『便便炸弹』的攻击！

臭烘烘
猫砂盆里根本
没有我的味道，
绝对不能原谅！

猫在不高兴时，会用便便表达抗议。例如，“铲屎官”清理干净的猫砂盆，对猫来说其实就糟糕极了。有着自己专属气味的地方没有了，猫难免会不高兴。

此外，在改变家具布局时，猫也会发动“便便炸弹”攻击。因为猫每天都在同样的地方巡视，好不容易用气味标记好，可现在又要重新标记。所以，在改变家中布局时，请格外注意！

狗不擅长埋便便

狗

狗往右边看，屁股就会向左偏。因为看不到后面，所以常常糊弄几下。

狗在排便后，为了让自己的气味传播得更远，会习惯性地向后踢几下。但是，因为骨骼构造的特点，狗的身体无法灵活舒展开。所以，狗很难把便便埋好。另外，即使在没有排便的时候，狗也会习惯性地踢踢后腿。

哎哎哎？
前面有东西挡着吗？
这里，
好像可以钻呢！

猫 猫明明知道地方小，但还是喜欢往里钻

确实，我常看到你往里钻。

狗 狗即使知道有障碍，还是会一头撞上去

这样……胡须的作用在哪里？

猫明明知道地方小，但还是喜欢往里钻

猫

好奇是猫的天性。看在它很可爱的分上，也不忍心再责怪啦。

猫很喜欢钻进那些刚好可以容纳自己的狭小空间里。即使用胡须测量后，它已经感觉到“好像有点窄”了，但最终，它还是禁不住好奇心的诱惑，往里挤一挤。有时，甚至会被卡住。而猫之所以喜欢狭窄的空间，原因包括“敌人也没办法进来”“很安全，敌人不能从背后偷袭”“温暖且安静”，等等。但是如果能钻进去却出不来的话，就是弄巧成拙了。

狗即使知道有障碍，还是会一头撞上去

狗

这样感知的意义在哪里呢？明明已经感觉不妙，但还是不放在心上。

狗可以通过胡须感知周围是否存在危险。但当有人召唤它时，狗即便知道前面有障碍物，还是会兴致高昂地做出回应，然后一头撞上去。这一点，其实我们人类也一样。在吃热气腾腾的章鱼小丸子时，我们明知道烫嘴，但还是忍不住去尝，结果被烫得“呼呼”吹气。因为这样更好吃，不是吗？

猫 猫是美食家，但是它尝不出好不好吃

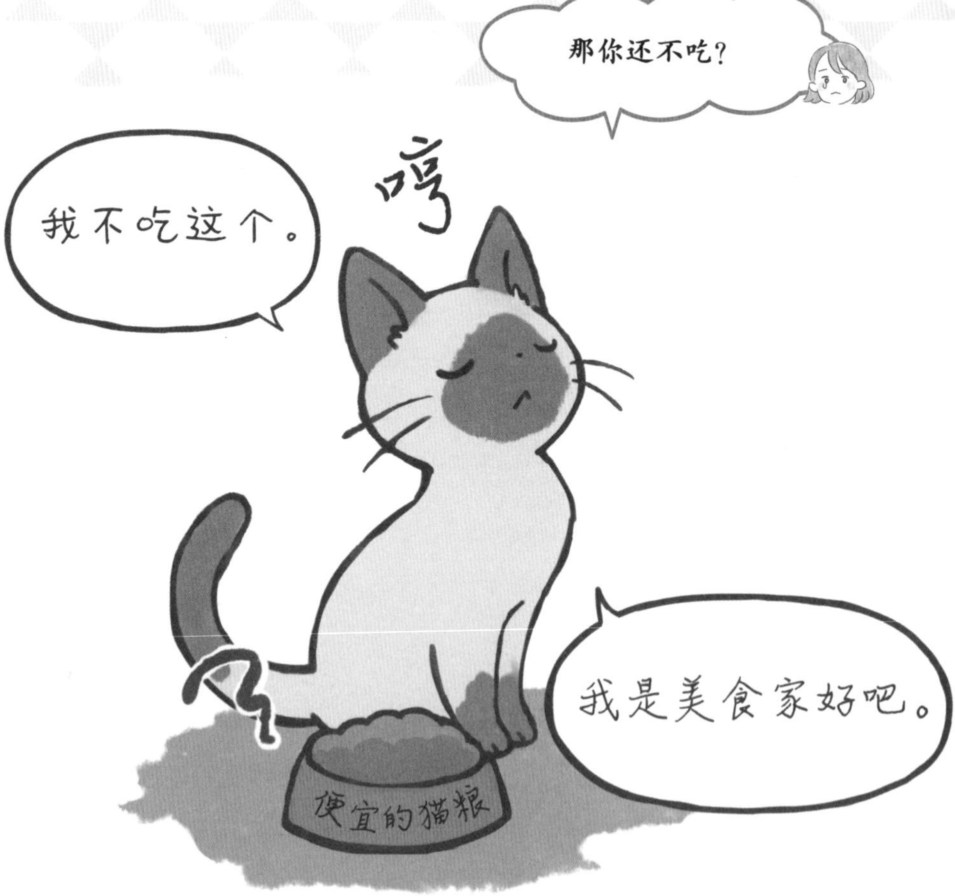

那你还不吃？
我不吃这个。
哼
我是美食家好吧。
便宜的猫粮

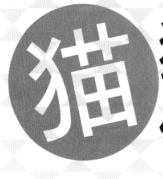

狗

狗可以尝出各种味道，但是它不挑剔

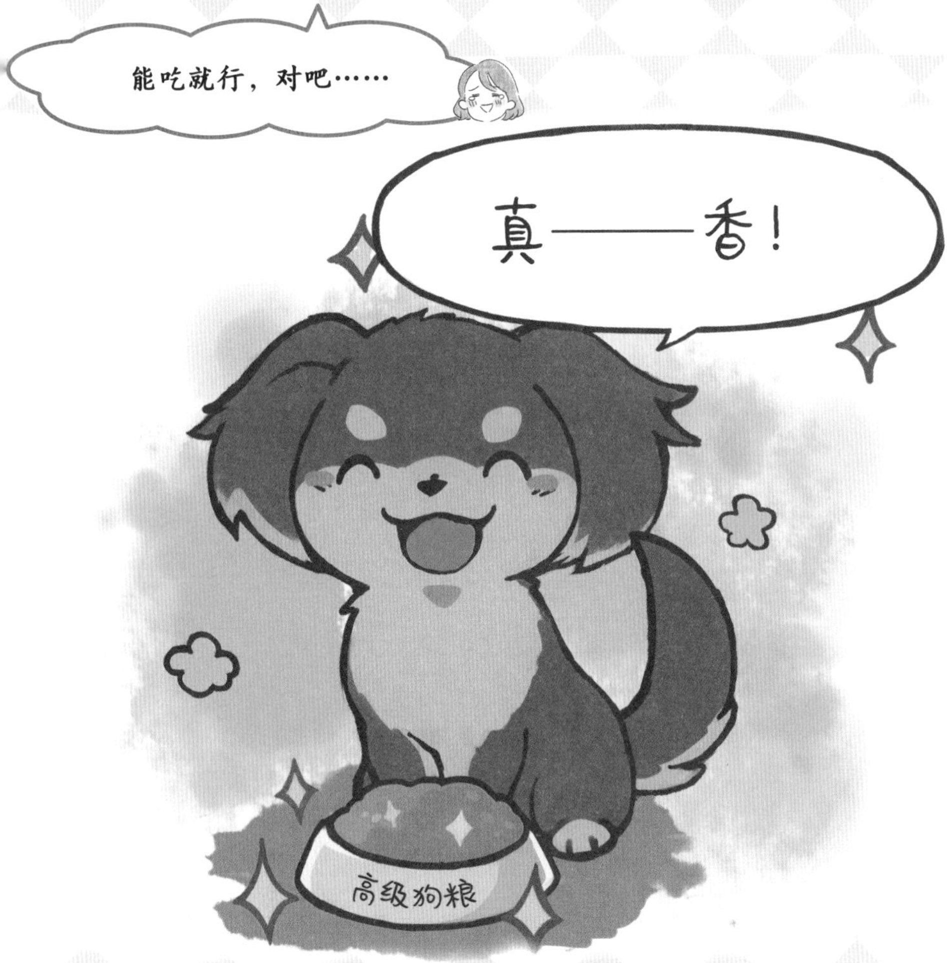
能吃就行，对吧……
真——香!
高级狗粮

猫是美食家，但是它尝不出好不好吃

猫

猫的味觉主要在于分辨酸味和苦味。只能微弱地分辨出一点点咸味。

有好
闻起来香香的，喵。
给你加热了一下。
便宜的猫粮

猫对食物非常挑剔，但它却只能分辨出能够防止食物中毒的酸、苦、咸三种味道。其中，对于咸味也只能微弱地感知到一点点。大多数情况下，猫的味觉主要是分辨酸味和苦味。而猫之所以不能感知甜味，是因为它主食的动物肉里不含甜味。

猫舌头上的“倒刺”，主要是为了方便梳理毛发和喝水的。因为味觉迟钝，所以猫会利用灵敏的嗅觉判断

狗可以尝出各种味道，但是它不挑剔

狗

吃的！
饭都是香的，就算价格便宜。
来，吃这个吧。
便宜的狗粮

对狗来说『浪费可耻』。只要能吃，再难吃狗也会努力吃完。

食物是否好吃。食物加热后，气味就会更浓烈，所以猫更喜欢。

狗作为来者不拒的杂食家，能够分辨出酸、甜、苦、咸四种味道。

从前，狗生活在平原，能获取的食物量很不稳定。所以饥饿时，狗对食物不再挑剔。对食物味道的理解也变成了“这个就算好吃了”“这个难吃，但是也能将就”。

猫

猫闻臭袜子后会露出神秘的微笑

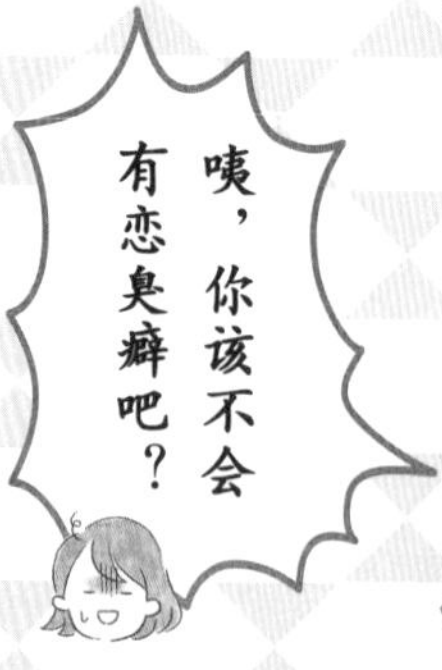

狗

狗闻臭袜子后会哆哆嗦嗦发抖?!

猫闻臭袜子后会露出神秘的微笑

猫

『裂唇嗅反应』并非异常，而是正常的生理现象。

猫拥有能够感知异性费洛蒙的“犁鼻器”。到了繁殖期，猫会张大嘴巴感知异性的费洛蒙。这时的猫鼻孔放大，嘴唇上翻，露出门牙。这样的状态持续数秒，看上去就像在笑一样的奇怪现象，就是我们常说的“裂唇嗅反应”。而人类的臭袜子，气味接近于猫类异性的费洛蒙。所以猫闻到时，也会出现裂唇嗅反应。

狗闻臭袜子后会哆哆嗦嗦发抖？！

狗

狗犁鼻器的反应，目前为止依然是个谜。

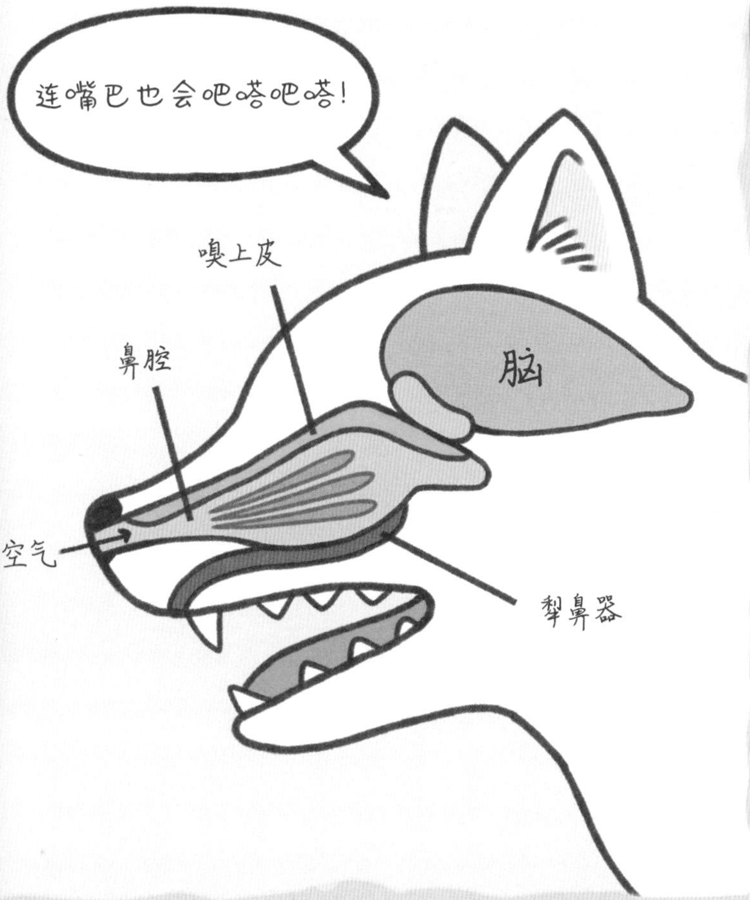
连嘴巴也会吧嗒吧嗒！
嗅上皮
鼻腔
脑
空气
犁鼻器

狗同样有“犁鼻器”，但它却不会像猫一样露出神秘的微笑。虽然狗的牙齿也会“咯吱”抖动，但目前原因尚不明确。或许这和狗的嗅觉比猫的灵敏有关，所以狗不需要张大嘴巴也能感知异性的费洛蒙。

猫 猫会瞄准目标用尿"狙击"

狗越不受欢迎，尿尿的姿势越夸张 狗

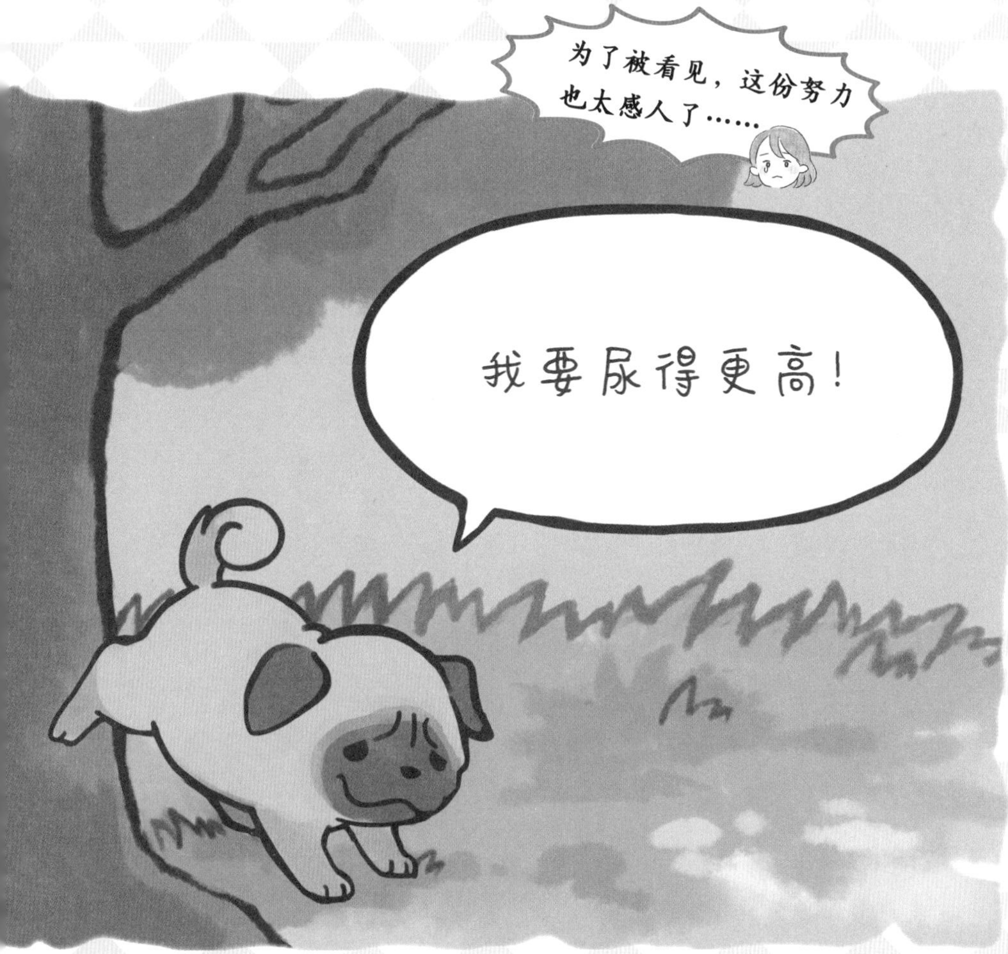
为了被看见，这份努力也太感人了……
我要尿得更高！

猫会瞄准目标用尿“狙击”

猫

猫是『尿尿狙击手』。锁定的猎物绝不放过！

你知道猫和狗，谁的尿更难闻吗？答案是猫。因为猫的嗅觉不如狗，所以猫尿里面费洛蒙的气味更强烈。

猫采用喷射的方式排尿。尿液从尿道口对准目标喷射而出。喷雾状的尿液让费洛蒙更好地扩散，气味的标记就此完成。

狗越不受欢迎，尿尿的姿势越夸张

狗

汪汪秘技！
倒立尿尿大法，
还能更高！

对不受欢迎的狗，我们应该保持距离悉心守护。

公狗为了扩散气味，会抬起腿来尿尿。越不受欢迎的狗，腿抬得越高，甚至还会倒立起来尿尿……这种行为是狗为了扩散气味、宣示主权所做的努力。此外，表现欲强的母狗，有时也会抬起腿尿尿。

水真好喝！
最好别溅起水花！

猫

猫像『吸溜』面条那样喝水

狗喝水

狗比猫更不擅长

猫像“吸溜”面条那样喝水

猫

猫喝水干净利落不会洒得到处都是，所以十分文雅。

我能快速地
卷出水柱喝水。

猫会用舌尖轻触水面，然后快速收回，利用舌头的运动吸出水柱来喝水，就像“吸溜”面条那样。

而狗则将舌头卷起来，像勺子舀水那样喝水。但是用这种方式，水很容易洒出来，所以比起猫，狗喝水时显得更笨拙。

然而，哈佛大学的某项研究却认为，狗在喝水方式

狗比猫更不擅长喝水

狗

狗狂放的喝水方式已不能改变，所以别再纠结，准备清扫吧。

我舌头卷起来喝水，但还是洒了很多。

上和猫并无不同。只是看上去狗像是卷起舌头喝水，而事实并非如此。如果这个结论没错，那么为什么方法一样，狗喝水时显得更笨拙呢？研究指出：猫每次喝水干净利落，但狗每次喝水舌头却要卷好几次。正是因为卷舌头这个多余的动作，水才溅了出来，洒得到处都是。

猫

猫的便便会被狗吃掉

狗 狗爱吃新鲜成形的便便

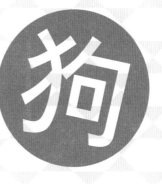

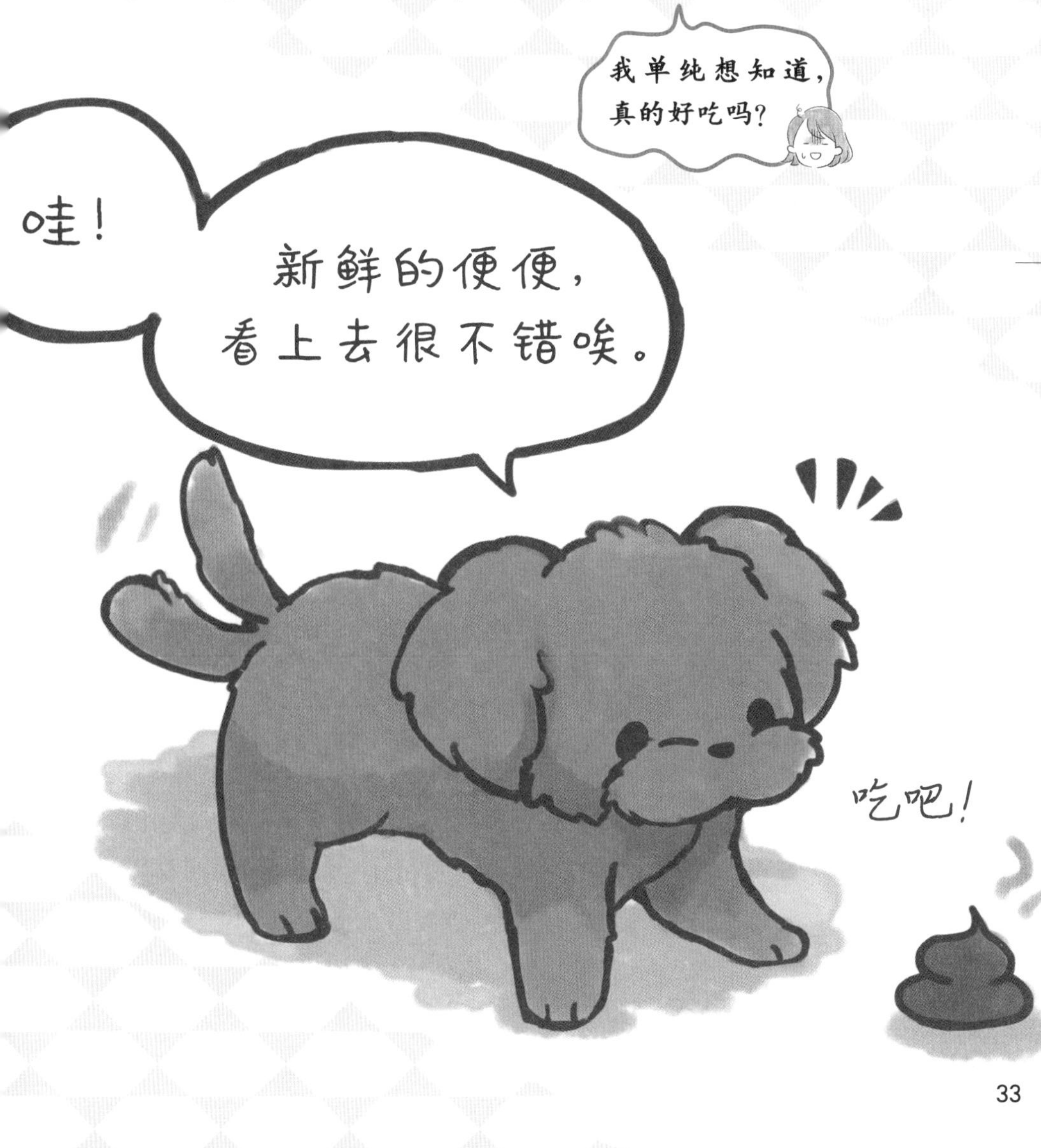
我单纯想知道，
真的好吃吗？
哇！
新鲜的便便，
看上去很不错唉。
吃吧！

猫的便便会被狗吃掉

猫

『猫狗双全』的家庭可能会目睹狗吃猫的便便的现象。

虽然不是所有的狗都吃便便，但是却有非常沉迷于食便的狗。

加利福尼亚大学的研究表明，狗有吃 2 天以内排泄物的癖好。狗的食便行为也被认为是一种向狼回归的返祖行为，但是目前尚无定论。我推测，这或许是因为狗在幼儿时期被灌输了“便便 = 跟牛奶差不多的营养物”

狗爱吃新鲜成形的便便

狗

吃便便的狗很多，但吃便便的猫不常见。狗吃便便的原因暂且不明。

的观念，所以长大后狗才会沉迷于此无法自拔。但是，真实的原因只有狗才知道。

此外，狗吃猫便便的现象虽然并不常见，但也确实曾发生过。可能是因为猫的食肉性更强，猫食中蛋白质含量更加丰富，所以狗才会喜欢吧。

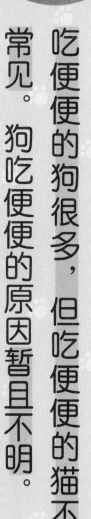

猫

猫比起投喂，更偏向于现场教学

狗嚼碎食物再吐出来实则用心良苦

狗

呕吐物……某种意义上就是终极的辅食！
辅食哟！
饭饭！
是辅食哟！
呕哕哕哕哕哕哕哕哕哕哕

猫比起投喂，更偏向于现场教学

猫

『自己动手丰衣足食』就是猫『斯巴达』*式的教育。

为了吐出食物，狗拥有发达的呕吐中枢。母狗会将消化了一半的食物当作辅食喂给小狗崽。这跟人类喂给幼儿软软的、易消化的食物是一样的道理。在人类看来很恶心的呕吐物，对于小狗来说却是完美的一餐。

那么，猫的辅食是什么呢？猫不会给小猫喂辅食。猫妈妈会给孩子现场示范，教会孩子“就像这样捕猎哦”。

*“斯巴达”式教育的主旨是“择优用之，无用则废”。

狗嚼碎食物再吐出来实则用心良苦

狗

对幼犬来说，呕吐物不是脏东西，而是一种美味。

来吧宝贝，妈妈吐出来的，多吃点哦。
汪！
好吃！
呕吐物好香！

通过猫妈妈的现场教学，幼猫们学会捕猎，并顽强地生存下去。

狗将呕吐物作为辅食喂给孩子。但对猫而言，呕吐物是自己的所有物。即使吐出来了，也同样属于自己。猫不会将自己的呕吐物喂给小猫。

猫

猫看到黄瓜会吓得大跳

狗看到便便就想上去滚一滚？！

狗

猫看到黄瓜会吓得大跳

猫

不仅是黄瓜，任何故意惊吓猫的行为都很恶趣味！

伊呀——是啥啊，吓我一大跳！
原来是根黄瓜——干吗吓唬我！

我想大家可能都看过那种猫咪被黄瓜吓得跳起来的短视频。但其实不仅仅是黄瓜，猫看到其他从未见过的事物时，都会条件反射地跳起来，出现“应激反应”。受到惊吓后，猫会快速地逃离现场，远距离观察和确认。但这种行为会给猫造成巨大的心理阴影，所以许多研究

狗看到便便就想上去滚一滚？！

狗

或许有一天会出现这种情况：狗满身便便臭烘烘地回来了！

这样就可以隐藏气味了。
谁在那里，哞？！

者都对此表示了谴责。也请大家不要故意吓唬猫了！

狗有往自己身上涂抹气味强烈的东西的习性。虽然原因尚不清楚，但可能是狗想通过这种方式隐藏自己的气味。因为不被猎物发现，对狗狩猎更加有利，所以狗才会利用其他动物的便便，掩盖自己的气味。

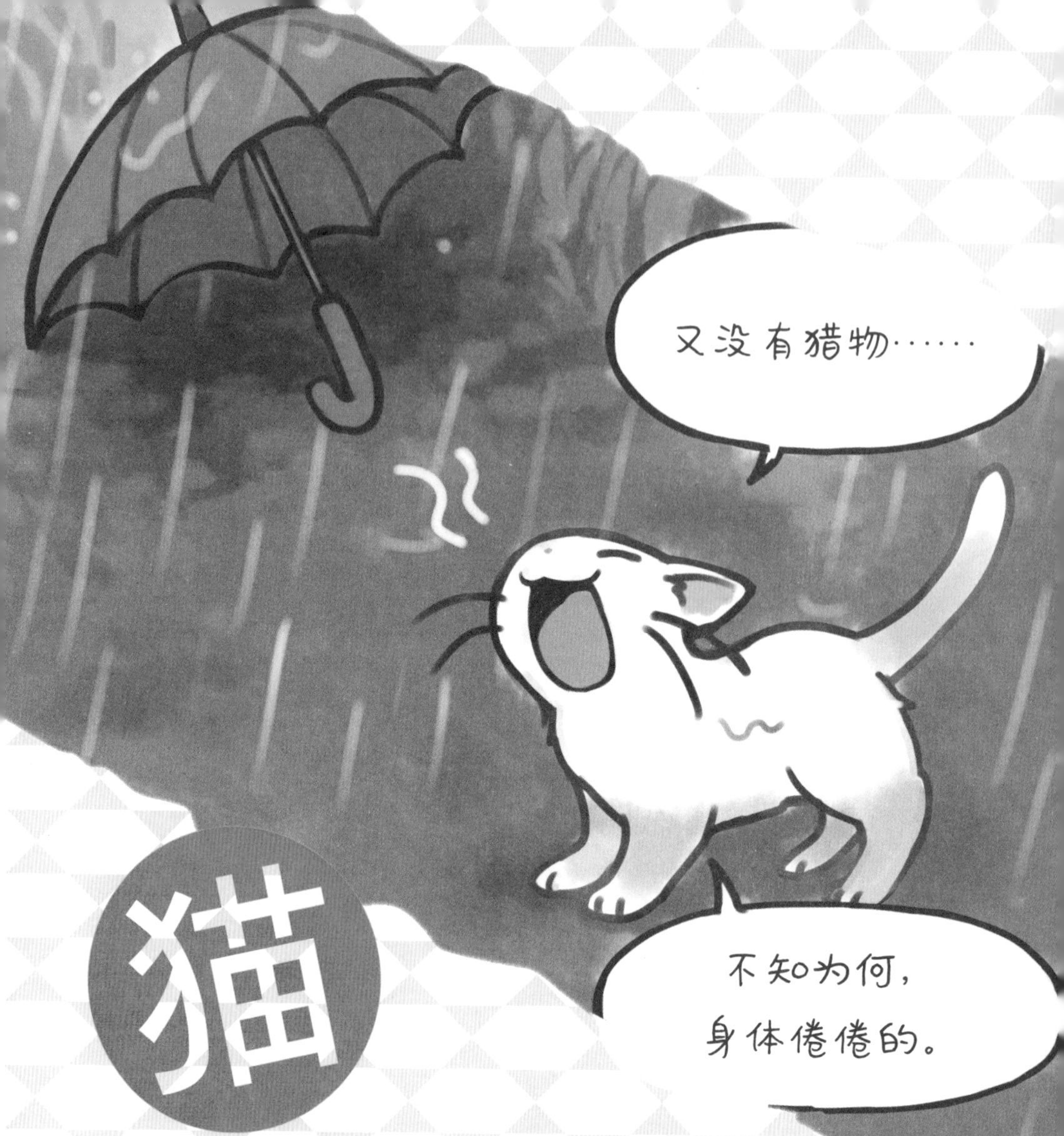
又没有猎物……
不知为何，身体倦倦的。

猫
猫在下雨天特别嗜睡

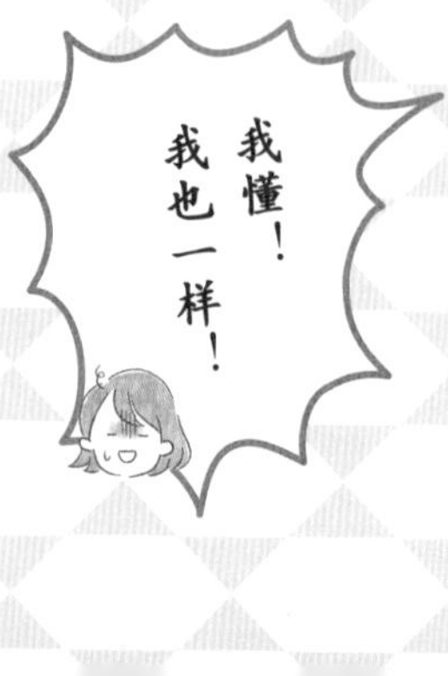
我懂！我也一样！

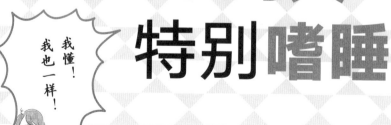

狗在下雪天异常兴奋

狗

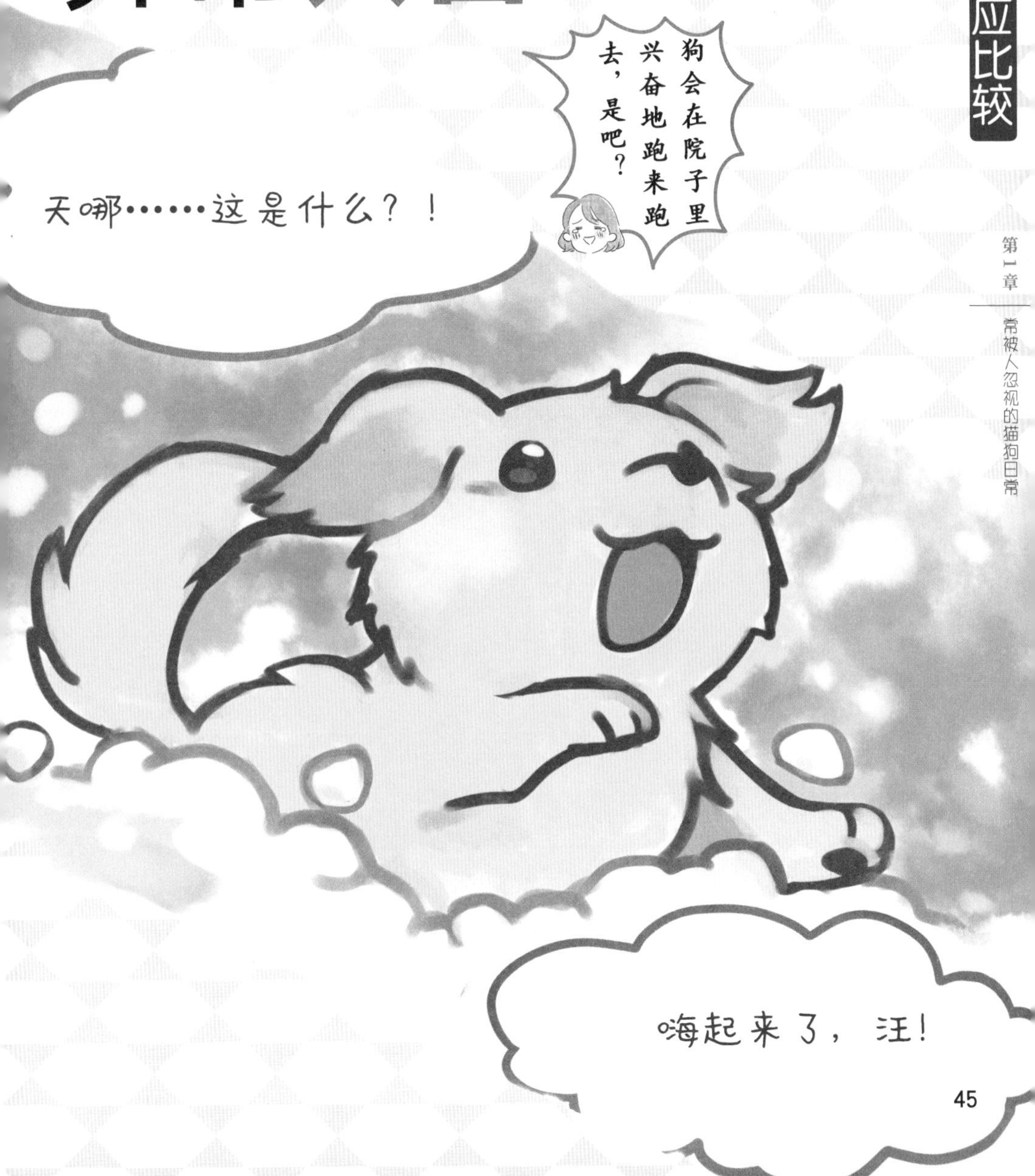
狗会在院子里兴奋地跑来跑去，是吧？
天哪……这是什么？！
嗨起来了，汪！

猫

雨天猫休息。这是全国猫咪协会的统一规定。

下雨天猫便不再外出狩猎。猫会本能地进入睡眠状态，通过以逸待劳的方式减缓饥饿，为第二天的狩猎休养生息。此外，褪黑素*也是让猫感到困倦的原因之一。晴天，太阳的出现会抑制生物体内褪黑素的分泌，但是在天色昏沉的下雨天，褪黑素分泌活跃，猫也因此感到更困。

*褪黑素是由脑部松果体分泌的激素之一，可以改善睡眠质量。

狗在下雪天异常兴奋

狗

狗对雪充满兴趣。它喜欢在雪里打滚，即使弄湿自己也无所谓。

狗兴奋时，无论下雨还是下雪，它都无所畏惧。可能像吉娃娃那样的小型犬会怕冷，但中等体形及以上的狗一般都不怕冷。狗身上的绒毛比猫更加密集，所以即使室外温度很低，狗也能保持体温。对于罕见的下雪天以及转瞬即逝的冰雪世界，狗十分珍惜。

此外，猫狗脚上的肉球无法感知任何温度，所以为了防寒给猫狗穿上的鞋子，只会让它们感到莫名其妙。

特别解说 猫一般不吃蔬菜，所以体内没有肠道细菌。因此，猫放屁时声响不大。但是猫的食物中动物蛋白含量很高，所以猫的屁格外地臭。而狗和人一样都是杂食动物，体内有丰富的肠道细菌，所以一般会放响屁。但是因为猫狗都没有对放屁的认知，所以它们一律认为屁是主人放的！

专栏 column 1

我们是第一！

We are No.1!

创造世界纪录的猫和狗

猫狗创造的世界纪录很多！

众所周知，我们常说的世界纪录是由“吉尼斯世界纪录”审核认定的。其中，不仅有关于“数值”大小的纪录，还有一些听起来奇奇怪怪的纪录。例如“男子 24 小时不间断骑单轮的纪录”“女子用马牵引全身燃烧的男子前进 0.47 千米的纪录”，等等。

还有很多由猫狗创造的世界纪录！现在，我向大家介绍截至 2019 年 4 月的吉尼斯世界纪录“保持猫”和“保持狗”。

▲仅用后脚站立时比成年男性还高大的宙斯

首先，是世界第一高的狗——宙斯。它的体长（从地面到肩膀）达到111.8厘米，相当于未成年马的大小。宙斯每天要吃掉总量达13千克的食物，体重长到了 70 千克。

仅用后脚站立时身高达到 2 米的宙斯，比大多数成年人都高。

宙斯的品种是大丹犬，属于吉尼斯世界纪录中“大型犬类”的代表品种。大丹犬原产自德国，是体形巨大的改良品种，历史上曾作为追捕野猪的猎犬。

世界最高的猫和尾巴最长的猫住在一起

▲不仅是身高，连躯干也很长的大角星

世界上最高的猫的纪录保持者，是一只名叫大角星的热带草原猫。虽然是猫，大角星的身高居然达到 48.4 厘米！这相当于一把儿童雨伞的长度。

而和它住在一起的缅因猫——古纳斯，则是吉尼斯世界纪录中尾巴最长的猫。两项世界纪录出自同一个家庭，这确实让人感到吃惊呢！

越小越可爱：超级迷你的猫和狗

介绍完大型品种，我们再来看看小猫和小狗。吉尼斯世界纪录“身高最小的狗”名叫奇迹米粒，是一只仅有 9.65 厘米的吉娃娃。小到可以托在成年人的掌心上的米粒，简直无敌可爱！据说米粒出生时，体重还不到 28 克。三节干电池加起来重量差不多是 25 克，所以你能想象出米粒到底有多轻了吧。因为太小了，所以连喂食也十分艰难。据说，它的主人是用点眼器一点一点地给米粒喂食的。

而“世界最小的猫”的纪录保持者是喜马拉雅猫——蒂克托。身高 7 厘米，身长 19 厘米。可能一不小心就能踩坏它。

对了，吉尼斯世界纪录谁都能申请哦。如果你对自己的宠物很有自信，觉得“我的猫或者狗才是第一”的话，不妨也申请试试看。

第 2 章

容易被忽视的猫狗品种

与人类生活在一起的猫和狗的种类繁多。

通过调查宠物店中常见的猫狗品种，

我接连发现了猫狗很多容易被忽视的个性！

当然，我自己的猫和狗也有着不同的个性。

而你们家的猫和狗，

又有哪些容易被忽视的个性呢？

猫 矮脚猫的腿太短所以腰疼

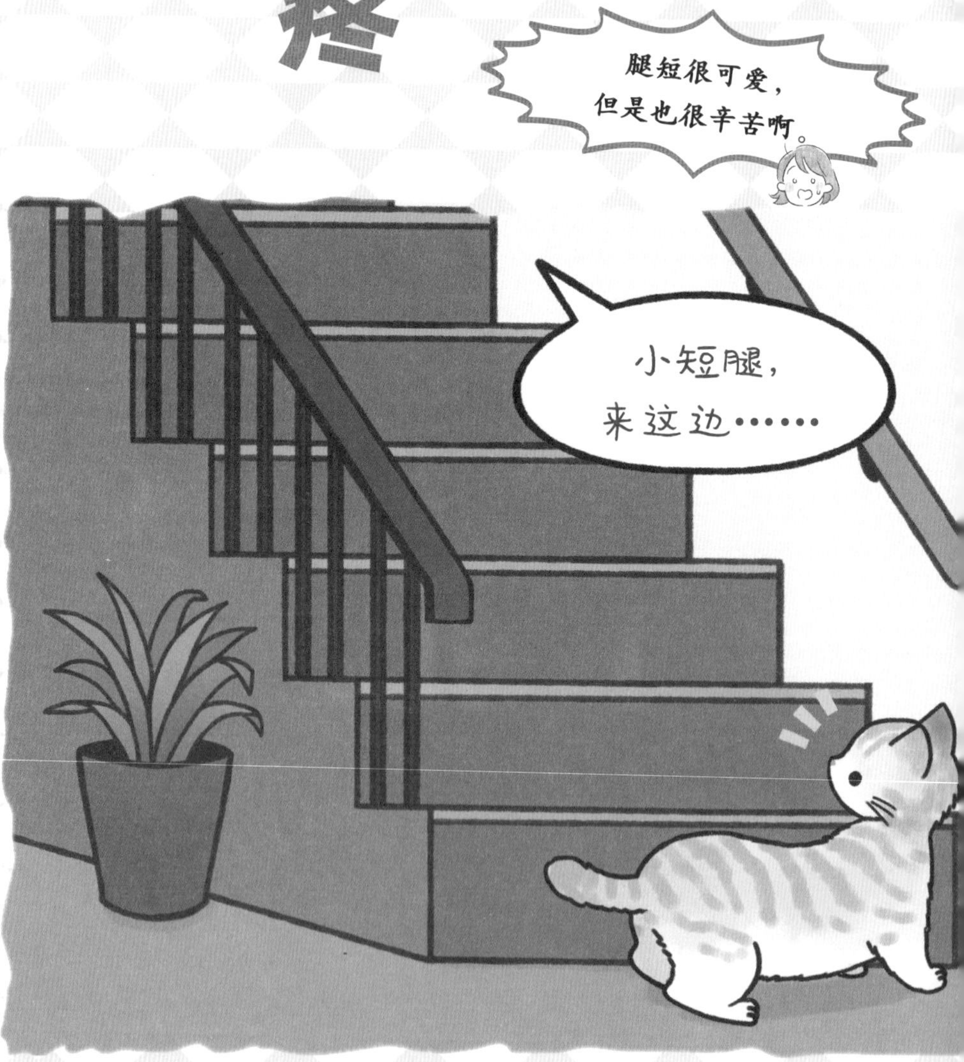
腿短很可爱，
但是也很辛苦啊。
小短腿，
来这边……

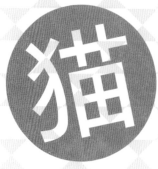

腊肠犬因为身体太长而腰疼 狗

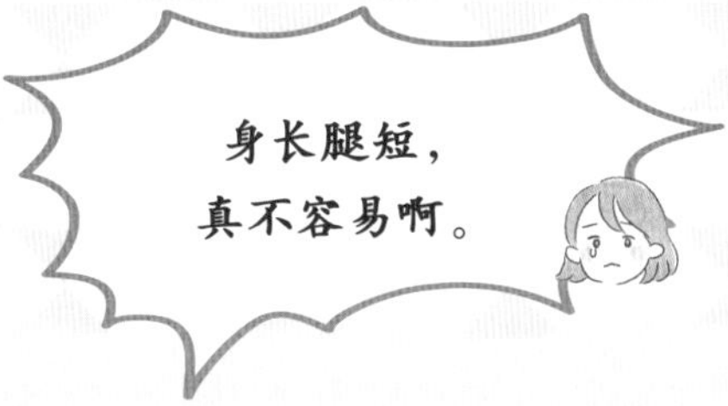
身长腿短，
真不容易啊。

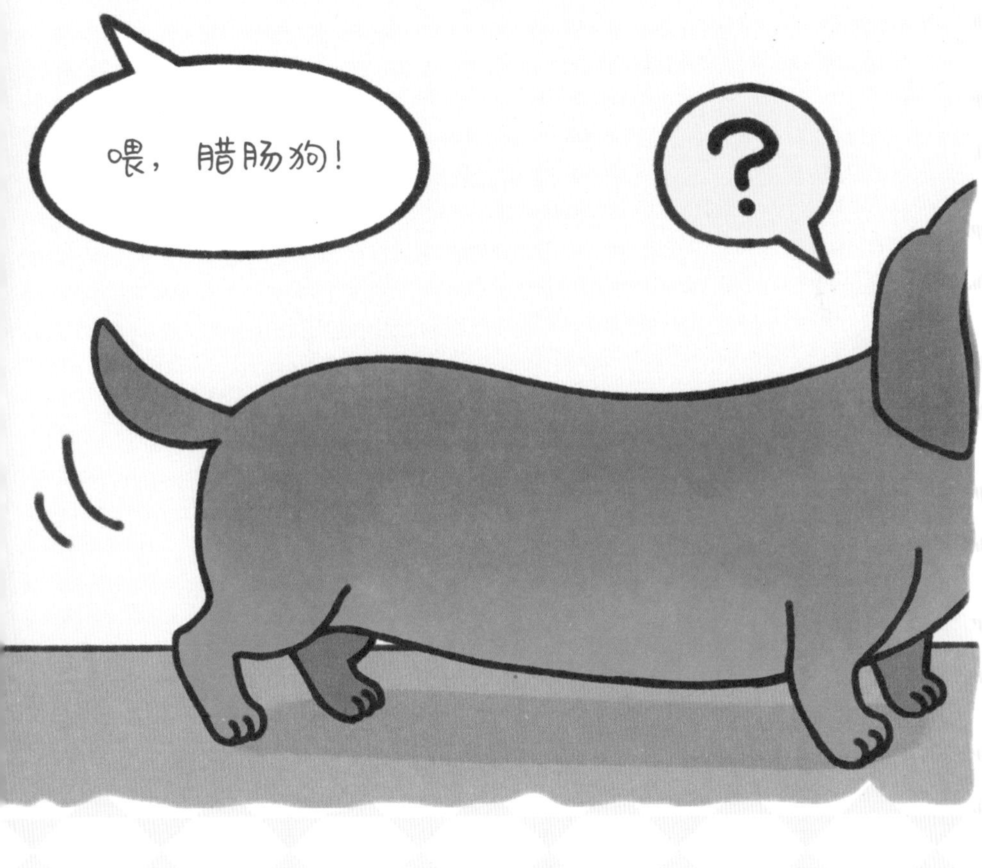
喂，腊肠狗！
?

矮脚猫的腿太短所以腰疼

猫

矮脚猫恐怕还没有意识到自己的腿有多短。

人气很高的矮脚猫，腿很短。腿越短，腰和腿的负担就会越重。而矮脚猫体形小，好奇心却很大，喜欢到处玩耍。即使上下楼梯时，只能像青虫一般缓慢移动，它还是会勇敢地去挑战！要是楼梯很陡……总之，会对它的腰造成很大的伤害。

腊肠犬是为辅助人类捕捉狗獾而培育出来的品种。

腊肠犬因为身体太长而腰疼

狗

专门为捕捉狗獾而培育出的腊肠犬，常常感到腰疼。

在德语中“Dachs”表示獾，“hund”表示狗。所以腊肠犬名字直译过来也叫“獾狗”。为避免钻洞时耳朵里进土，腊肠犬的耳朵紧贴着脸垂下。不仅如此，为了钻洞方便，腊肠犬的身体变长、腿也变短了。但是由于身体过长，脊椎容易疼痛，所以腊肠犬常常被腰疼所困扰。并且，老年腊肠犬尤其容易患疝气*。

*疝气指体内某一脏器或组织离开其正常解剖位置。

猫 苏格兰折耳猫身为猫却很迟钝

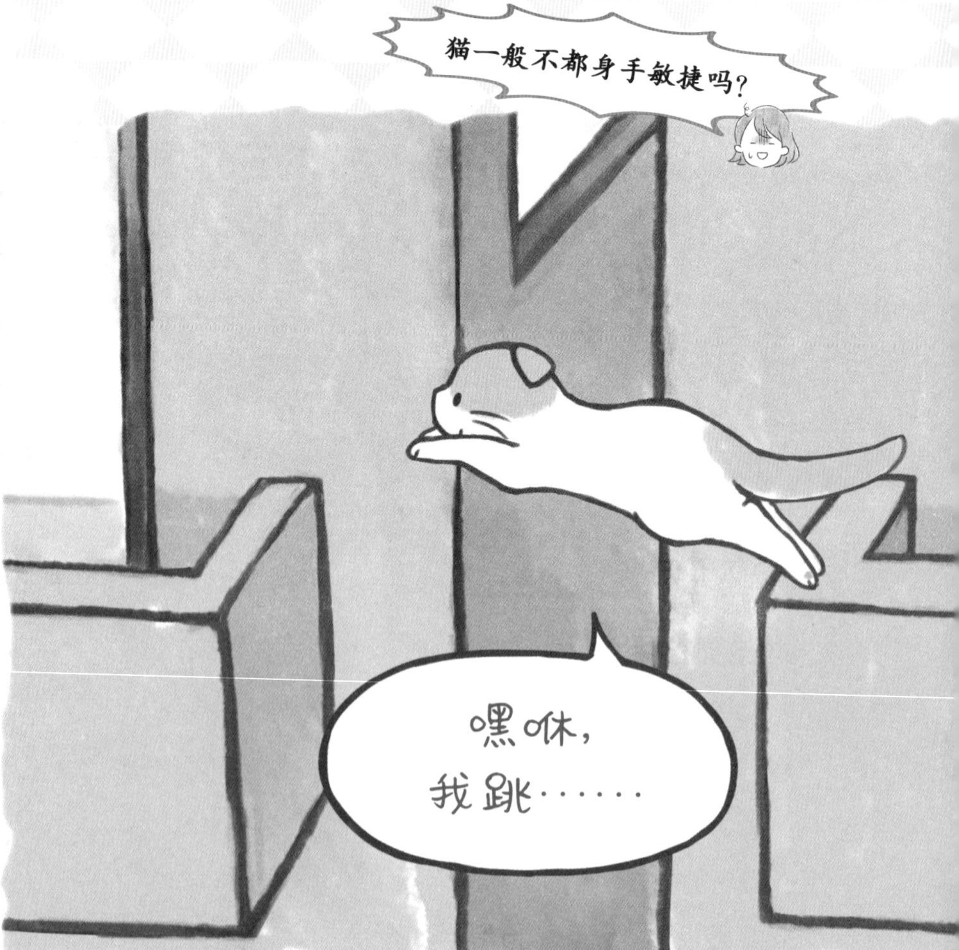
猫一般不都身手敏捷吗？
嘿咻，
我跳……

德国牧羊犬是狗中硬汉，但却会拉软便

狗

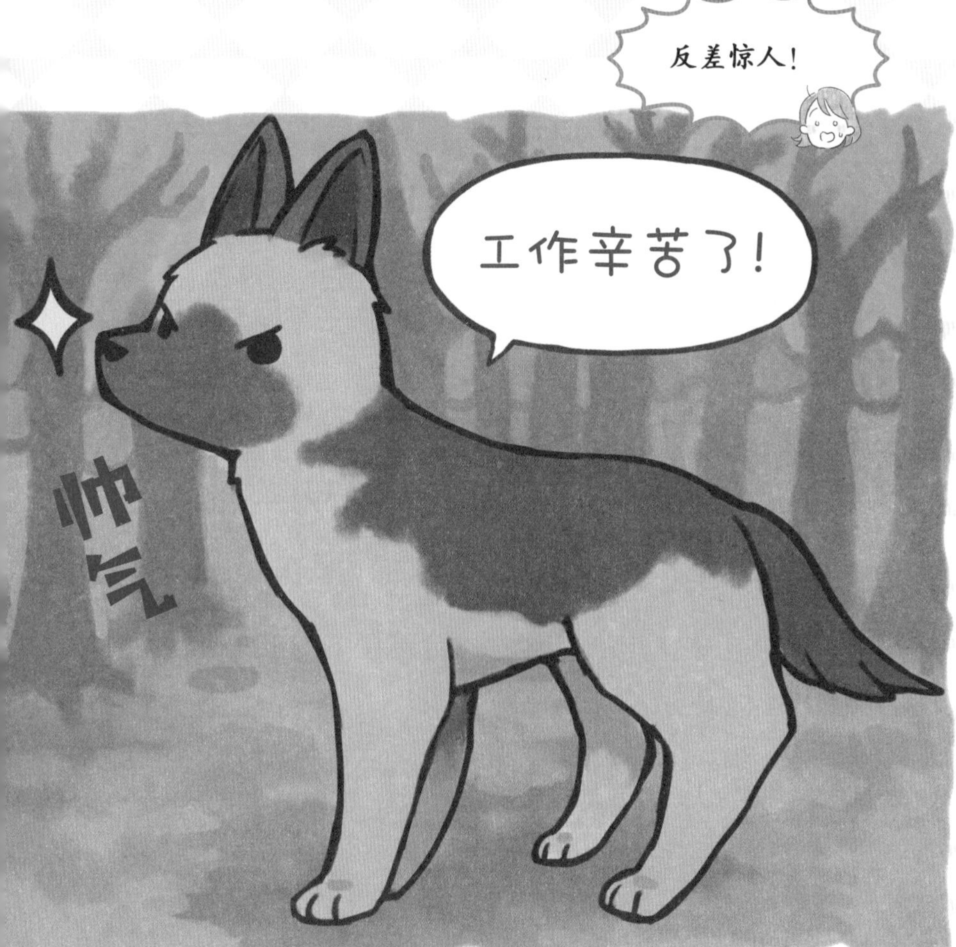
反差惊人！
工作辛苦了！
帅气

苏格兰折耳猫身为猫却很迟钝

猫

猫正是因为这份蠢萌，才让人类如此沉迷吧。

明明是猫，反应却很迟钝，说的就是苏格兰折耳猫（以下简称折耳猫）了。软骨发育不良使折耳猫不擅长跳跃。但是，即便跳跃失败，折耳猫也从不认为自己迟钝。虽然失败了难免会感到失落，但如果仔细观察的话，你会发现它舔舔毛、磨磨爪，努力假装无事发生的样子，就像是在鼓励自己“一点意外而已，不必在意”似的。

说到狗中的颜值担当，那肯定是德国牧羊犬（以下

德国牧羊犬是狗中硬汉，但却会拉软便

狗

不过是肚子有点
不舒服……
抖抖簌簌

警犬就是公务员，一劳神肯定就容易累积压力喽。

简称德牧）了。德牧遵守纪律而且非常勇敢，因此常作为警犬被人们关注。然而尽心竭力地工作却使德牧的寿命变短了。明明身为狗，却要为工作劳神伤身。而精神上的压力转移到肠胃后，就造成了外形硬朗的德牧经常拉软便*的反差。这就像人在高压的环境中很容易患胃溃疡一样。

*软便是指便便不成形，介于正常与拉稀之间。

猫

波斯猫因为脸太扁而吃饭不便

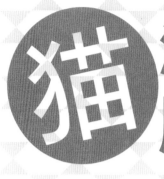

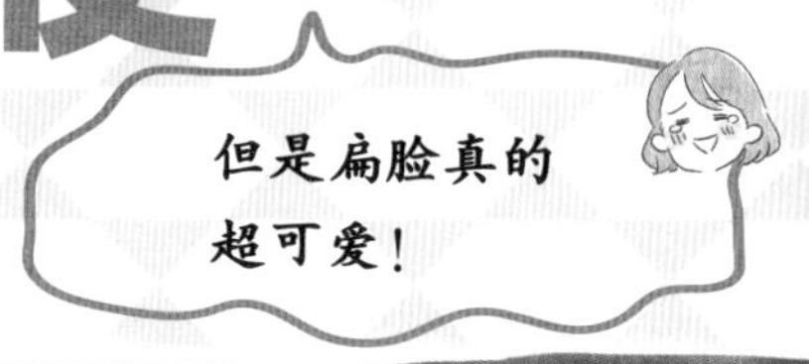
但是扁脸真的
超可爱！

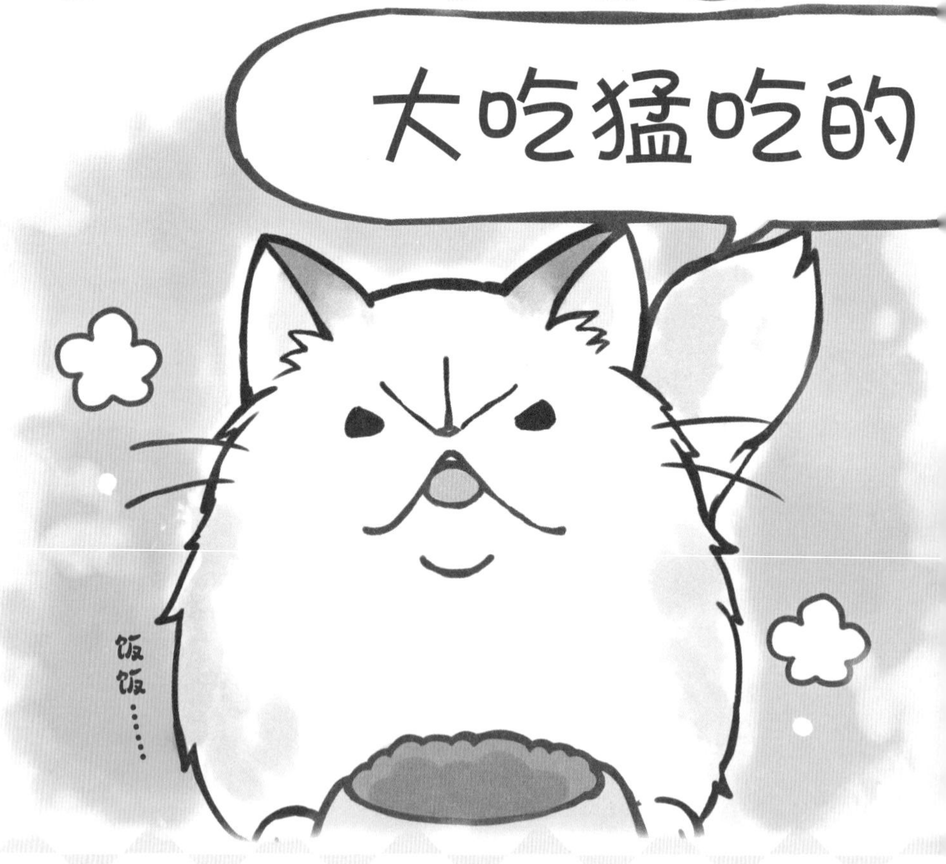
大吃猛吃的
饭饭……

西施犬因为下巴翘而吃饭不便 狗

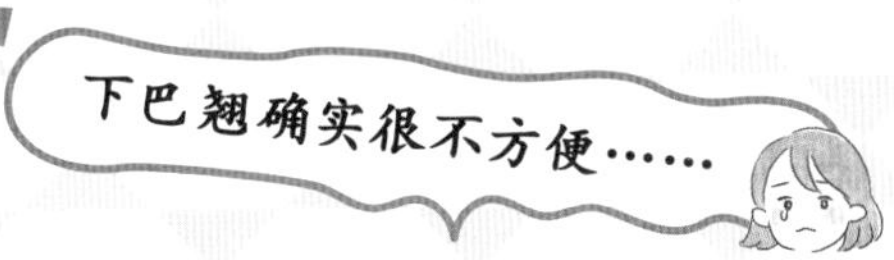
下巴翘确实很不方便……

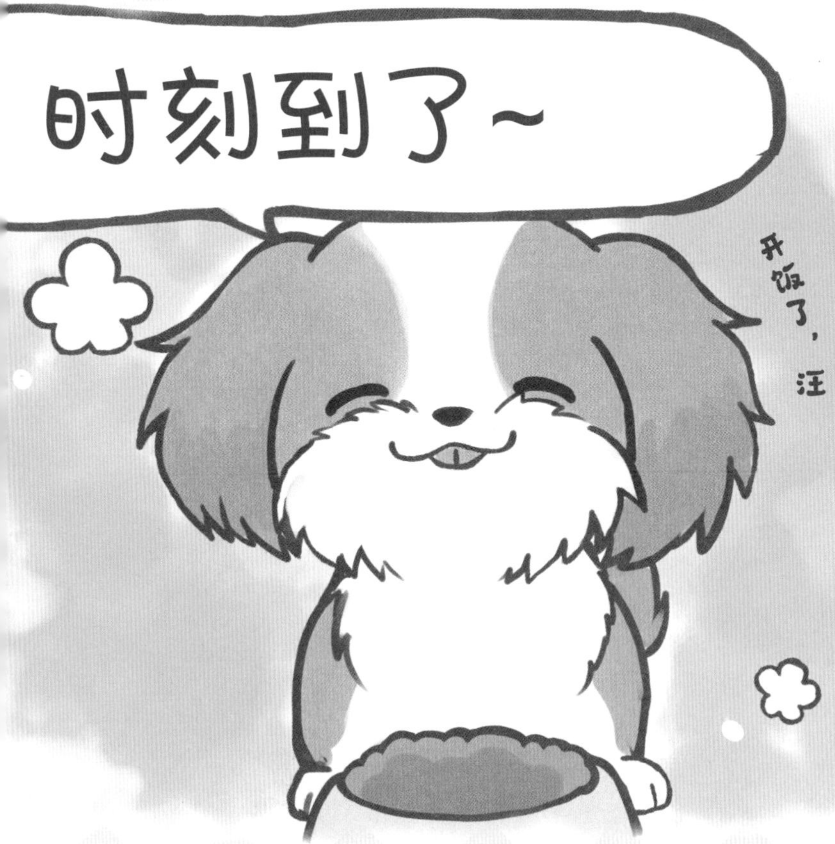
时刻到了~
开饭了，汪

波斯猫因为脸太扁而吃饭不便

猫

心有余而力不

很难说波斯猫已将舌头运用得炉火纯青……总之，辛苦了！

扁脸的波斯猫常常面临着“吃饭难”的问题。即便已经非常努力地用舌头将食物送到嘴边了，但食物还是会七七八八掉落在旁边。因此，波斯猫吃饭要比普通猫多花一倍的时间。可是没办法，我们也只能为它喊喊“加油”，打打气了。

以西施犬为代表，鼻子塌陷且吻部*短的狗被称作“短

* 狗的吻部指的是从嘴巴到鼻尖的部分。

西施犬因为下巴翘而吃饭不便

狗

足的时刻……

吃到脸上了，
没办法啊。

不是故意吃得乱七八糟。所以，原谅它们吧。

头颅犬”，而这样的长相对呼吸、嗅觉都会产生影响。明显的代价应该是吃饭时很不方便吧。

西施犬的下颚比上颚凸出，下巴看上去很翘。所以，西施犬和其他吻部凸出、可以优雅够到食物的狗不同，它必须整张脸用力够才能吃到饭。

猫 毛茸茸的布偶很容易中暑

这么多毛，到夏天简直就是地狱。

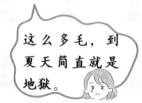

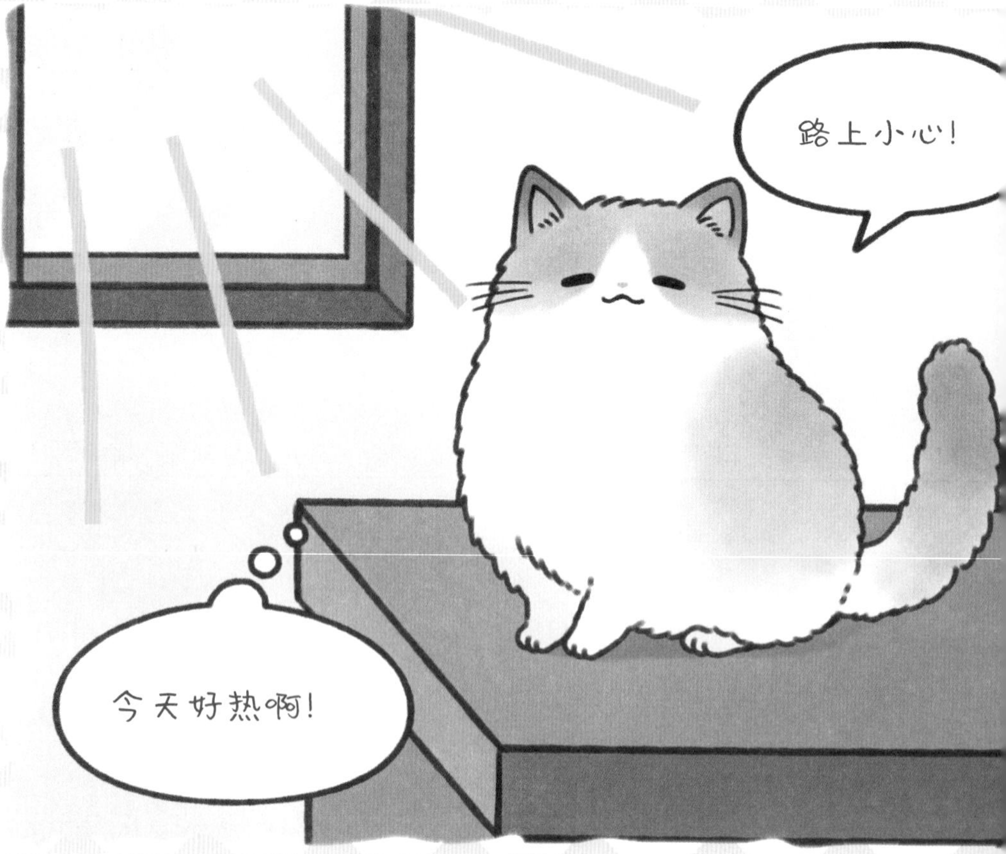
路上小心！
今天好热啊！

博美犬剃毛后可能会变成“地中海” 狗

毛茸茸的布偶很容易中暑

猫

既然养了毛茸茸的小可爱，就应该做好夏天多交电费的准备。

……几个小时后
太热了，
我不行了。

猫的平均体温是 37 ～ 39 摄氏度，较人类的体温略高。照顾只能通过呼吸散热的猫时，比起温度，更应当注意通风性和湿度。因为夏天湿度太高，散热会变慢。

如果为猫着想，开空调时应当注意控制湿度。把温度调到 28 ～ 30 摄氏度即可。在湿度低的环境里，猫可以通过呼吸自动调节体温。为了这个毛茸茸的小可爱，

博美犬剃毛后可能会变成“地中海”

狗

究竟是谁想到『地中海』这么绝妙的形容？

电费就算贵点，也是值得的，不是吗？

博美犬剃了毛之后，剃掉毛的部位可能就再也长不出毛来了。这种现象也被称作“地中海”。虽然具体原因尚且不知，但与其说是荷尔蒙失调，不如说这和剃毛后的压力有关系。

猫 异国短毛猫容易口臭

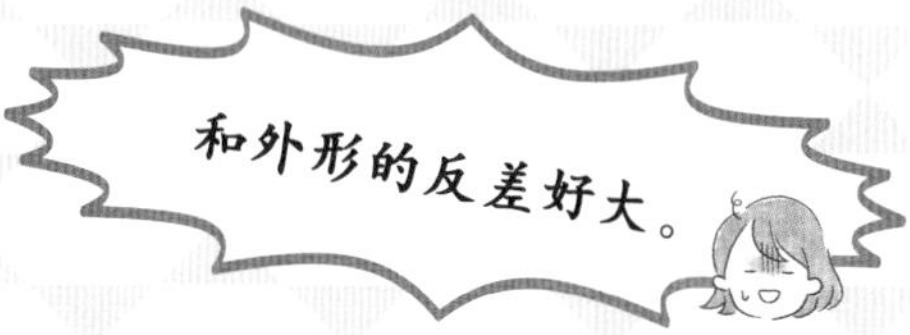
和外形的反差好大。

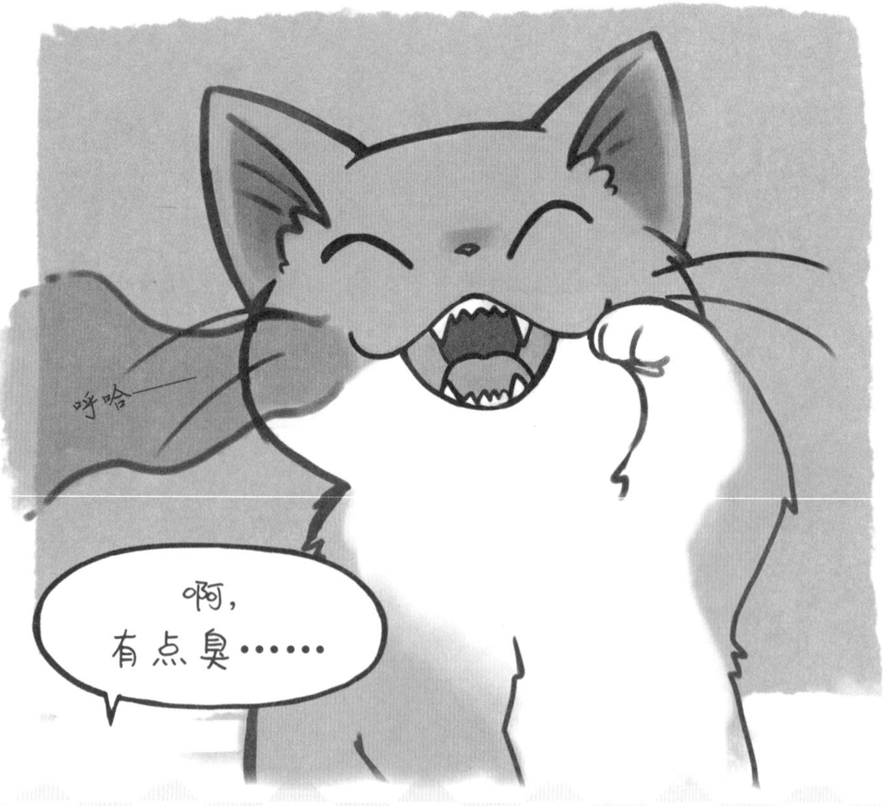
呼哈——
啊，有点臭……

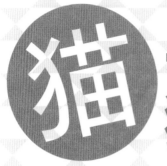

马尔济斯犬容易有牙垢

狗

牙齿对人类和狗都很重要。

猫

对讨厌刷牙的猫来说，口臭的问题非常难解决。

造成马尔济斯犬与异国短毛猫口腔问题的原因其实是一样的，都是因为它们的牙齿过密。不论怎么改良品种，牙齿的总数都是稳定不变的。

小型犬拥有 42 颗牙，而猫狭窄的口腔里面却密密麻麻排列了 30 颗牙。牙齿过密，食物残渣就很容易滞留其中，所以猫狗才会出现口臭、产生牙垢。

马尔济斯犬容易有牙垢

狗

小型犬的嘴巴当然更小……它们一生都会被牙垢问题所困扰。

啊——
保持口腔卫生哦。
刷
刷
刷
都怪我嘴巴太小了。

不幸中的万幸是，狗的嘴巴里面有类似“牙刷”的组织，可以在某种程度上清洁口腔，这就是狗口腔内侧的褶皱，可以帮助狗在张口闭口时清洁牙齿。

但是，猫却没有。猫还非常讨厌刷牙。让不喜欢束缚的猫听话地刷牙，简直难于登天啊。因为猫肯定不会乖乖就范，所以干脆别让它吃会导致蛀牙的淀粉制品啦。

各就各位！预备……
我宣布，
猫狗赛跑开始！

猫 马恩岛猫会被叫成『兔猫』

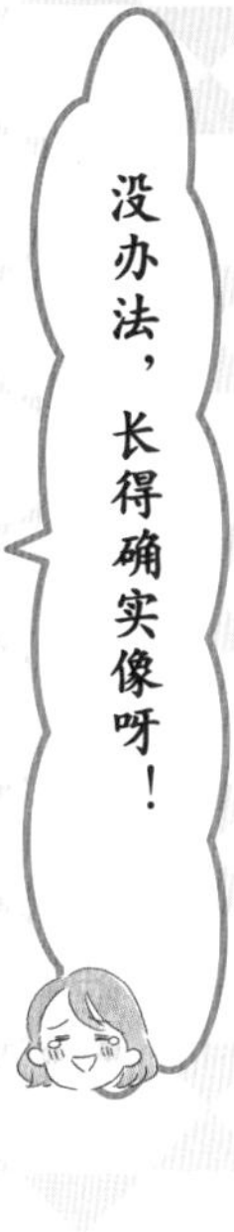
没办法，长得确实像呀！

狗 可蒙犬因为长相常被叫成『拖把狗』

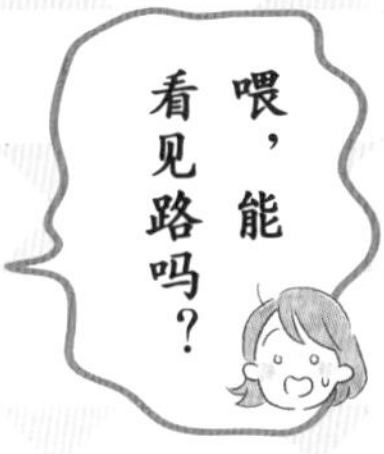
喂，能看见路吗？

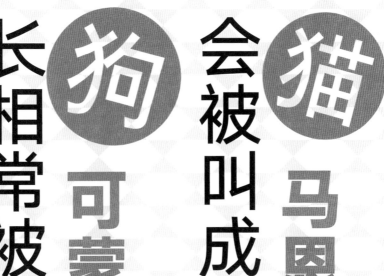

马恩岛猫会被叫成“兔猫”

猫

乘车千万别匆忙！不然会像马恩岛猫一样被夹断尾巴。

马恩岛猫的绰号是“兔猫”。尾巴短，后肢长，跑步时一跳一跳的样子，可以说，简直就是一只兔子！

而关于马恩岛猫为什么尾巴短，其中最有名的故事就是“挪亚方舟之说”。面对突如其来的大雨，船员匆匆忙忙关门时，马恩岛猫冲了进来。但是时机很不凑巧，所以它的尾巴被夹断了。当然，这个故事信不信由你！

可蒙犬因为长相常被叫成“拖把狗”

狗

我想可蒙犬上辈子，可能真的是拖把。

可蒙犬的绰号叫作“拖把狗”。它是从一种像羊的品种改良而来，常担任牧羊犬和护卫犬。现在依然把可蒙犬当作功能犬的，也就只有匈牙利和美国等为数不多的几个国家了。因为可蒙犬毛质特殊，难以适应暖和的气候，所以日本很少有人喂养。

生态解说 狗“一激动就忍不住尿尿”的原因，不仅是为了表达兴奋的情绪，还可能是出于狗的生理本能，“通过这种实际的行动来表明自己的诚心”。不过，猫就不会像狗那样明目张胆地尿尿。猫喜欢用尿液在家中做标记。而比起狗，猫尿的氨臭味更大，所以利用紫光灯照射后的荧光反应，能够找到隐藏的猫尿。

专栏 column 2

我们是第一！
We are No.1!

创造世界纪录的猫和狗

无聊的世界纪录？！世界上舌头最长的狗

狗创造的吉尼斯世界纪录很多。其中，听了会让人忍不住感慨“啊？这也算吗”的世界纪录，也不在少数。

首先，向大家介绍的纪录是“世界上舌头最长的狗”。它由一只名字叫“莫吉”的圣伯纳犬创造。莫吉将“世界上舌头最长的狗”的纪录更新了超过 7 厘米，创下了 18.58 厘米的最新纪录。但是，过于长的舌头也给它的生活带来了困扰。例如，呼吸不畅、口水旺盛……此外，如果舌头垂到地上，就会粘到垃圾。为此，莫吉的家人常常需要帮忙清理它的舌头。

▲莫吉那非常吸引路人眼球的舌头

最会骑滑板车与脚踏车的“明星狗狗”

当然，也有很多身怀绝技的狗。例如，生活在驯狗师家里的伯瑞犬——诺曼。当诺曼的主人意识到，诺曼拥有超强的记忆和学习能力后，便为它申请了吉尼斯世界纪录中“狗踩滑板车滑行 30 米”的挑战。经过训练之后，诺曼仅用 20.77 秒就完美地完成了 30 米的滑行，成为一只吉尼斯世界纪录保持犬。

◀ 熟练驾驭了儿童滑板车的诺曼

诺曼的主人也开始慢慢教它一些适合狗学的跳绳、篮球等运动。终于，诺曼也学会骑脚踏车了。2013 年，诺曼发起了“狗骑自行车 30 米”的挑战，并成功创造了 55.41 秒的世界纪录。诺曼也成了创造滑板车与脚踏车两项吉尼斯世界纪录的“明星狗狗”。

疯狂的捕鼠猎手

最后，给大家介绍的是世界第一的捕鼠猎手。它是一只气质与实力并存的母猫，名叫托维瑟。托维瑟创造了 24 年捕捉 28899 只老鼠的吉尼斯世界纪录。

它是如何抓到如此惊人数量的老鼠的呢？原来，托维瑟是一只生活在威士忌酒厂里“威士忌猫”。在酒厂里堆积了大量的造酒原料——

大麦。而托维瑟的工作就是要看守这些大麦不被老鼠吃掉。托维瑟所抓老鼠的数量并不是根据实际的老鼠残骸来计算，而是依据“每天抓 3 只”的平均数推算得来。托维瑟一生的付出值得被铭记，所以人们在它死后，为它建造了纪念铜像。上面刻着托维瑟的名字以及它的主要事迹。如果有机会的话，真希望能去托维瑟铜像前看一看啊！

第3章

容易被忽视的“铲屎官”

我每天被猫狗散发的魅力所治愈。

有一天晚上，我同时梦见了我的猫和狗。

梦里它们对我说：“你总觉得我们身上有很多容易被忽视的特点，其实你们才是呢！”

然后，我就惊醒了……

如果能换位思考，了解猫狗是如何看待人类的话，我想我们与它们的关系会变得更好吧！

猫 猫的世界里面没有红灯

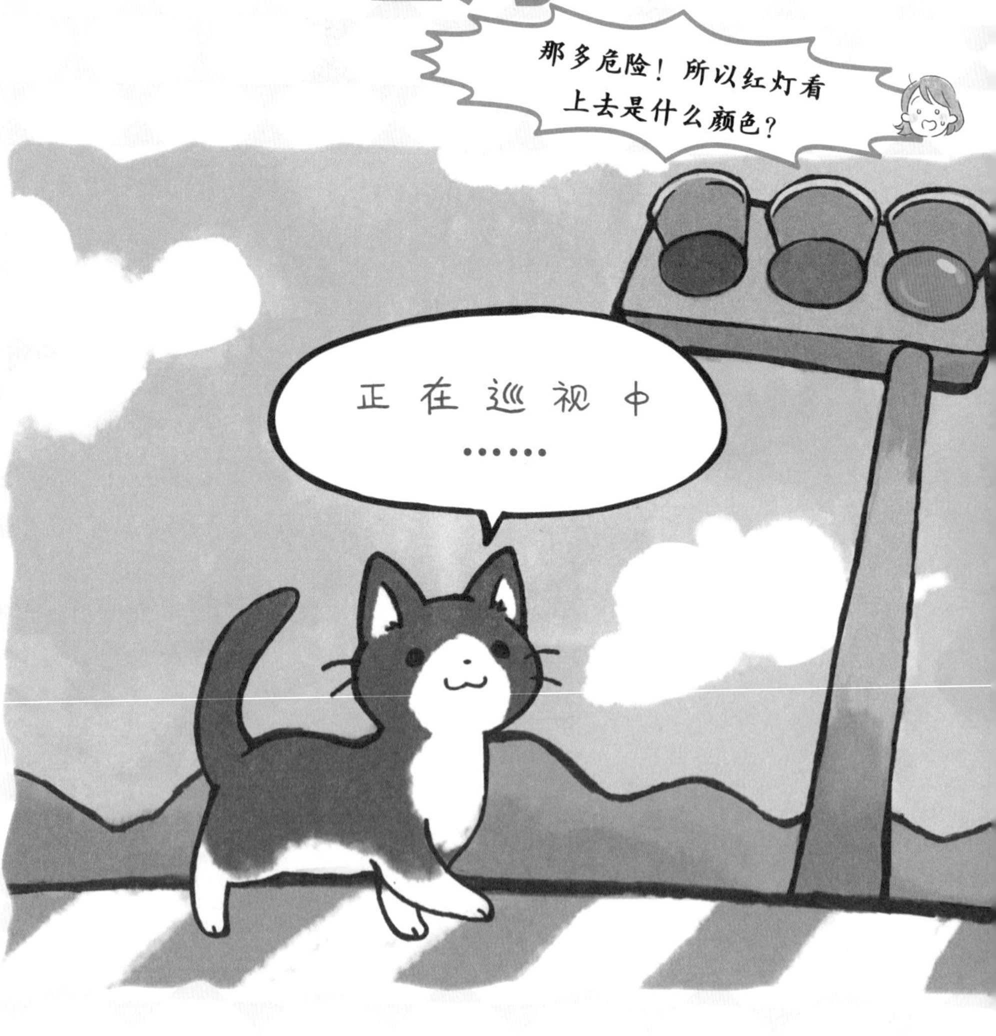
那多危险！所以红灯看上去是什么颜色？
正在巡视中……

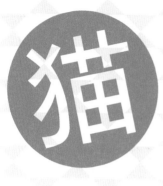

狗的世界中，人类皮肤是狗史莱克的颜色

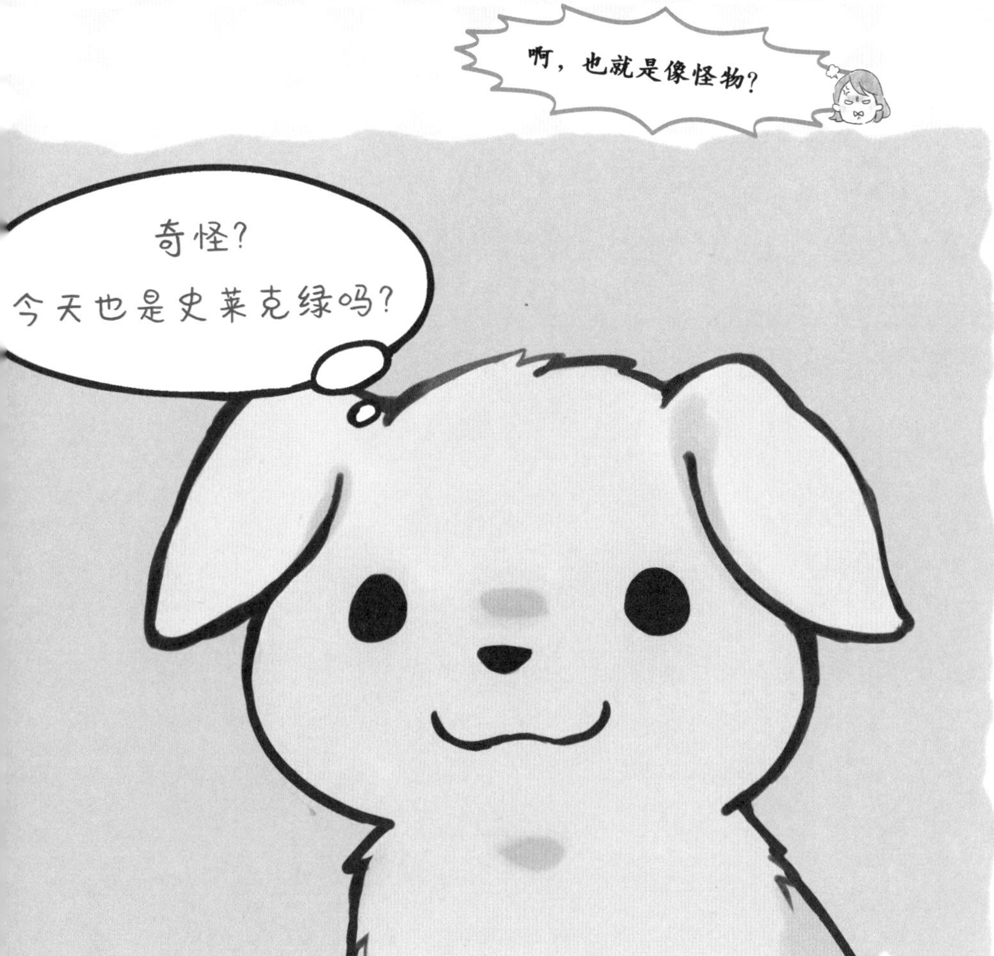
啊，也就是像怪物？
奇怪？
今天也是史莱克绿吗？

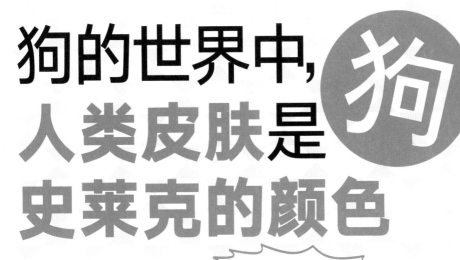

猫的世界里面没有红灯

猫

在猫眼中暗沉沉的世界里，红灯形同虚设。

在猫的世界里……
右边的灯
怎么总不亮呢！

猫可以分辨出绿色、黄色和蓝色。但猫和狗一样，都被认为是红色色盲。所以，猫的世界里面，红灯永远都是不亮的。

说起来，猫狗无法辨别红色的原因可能跟它们是食肉动物有关。植物为传播种子，果实成熟后会变成红色。红色相当于传达食草动物的“我成熟了”的信息。然而，对于食肉的猫和狗来说，果实红不红无关紧要。所以，

狗的世界中，人类皮肤是史莱克的颜色

狗

对狗来说，我们是颜色糟糕的外星生物。

嘻嘻嘻……
我才不是史莱克好吧！

这项视觉功能慢慢地就退化了，但是这也只是猜测。

狗只能分辨出蓝色和黄色，有的研究认为狗完全不能分辨红色。所以，狗无法看到人类皮肤的真实颜色，在它看来，我们人类的皮肤是暗绿色的。就像某部电影中的怪物史莱克那样，看上去并不健康。

又来！非得当场教育它才行。
算了，外卖来了……
兴奋过头
漏尿了！
叮咚
又是鱼啊
……
……

猫

猫并没你想象中那样爱吃鱼

那把我之前喂你的鱼还给我！

狗

狗常被夸聪明，但10秒前发生的事都不记得

原来，你的脑瓜并不灵光。

猫并没你想象中那样爱吃鱼

猫

好了，现在你应该明白，猫是货真价实的『食肉动物』。

日本普遍认为猫爱吃鱼。因为在很久之前，日本人的食物主要就是鱼，所以猫经常也只有鱼吃。而猫爱吃鱼的偏见也就从此产生。本来，猫就是食肉动物。在欧美等国家，猫可以选择的肉类品种更多时，你就会发现猫并没有你想象中的那么爱吃鱼。所以，猫不讨厌吃鱼，只是它更偏爱其他的肉类。

狗常被夸聪明，但 10 秒前发生的事都不记得

狗

考虑到狗的记忆特性，教育它的时机尤为关键。

狗乱尿几分钟后你再去责备它时，它就会表现得一脸无辜，完全不明白你为什么生气。

这与狗的“短时记忆”有关。狗会将情绪和事件联系起来，作为“长时记忆”保存，对于没有情绪波动的瞬发性事件狗很快就会忘记。

许多研究者认为，狗的短时记忆约为 10 ~ 20 秒。所以，教育狗的时机非常关键。时间越早，狗越容易记住。

糟糕……
爬得太高了！
……
举高高啦！

猫

『好心』有时对猫来说是帮倒忙

嗯，抱歉……虽然我也被你的话伤到了。

狗

『举高高』只会让狗觉得恐惧

啊？原来你不喜欢吗？！

猫

“好心”有时对猫来说是帮倒忙

喂，要抱你下来吗？
至于怎么下去，我正在思考！
哼！这样已经是过度保护了！
扭头

猫在失败的落地中积累经验。如果真的爱猫，就让它随心所欲吧。

曾经生活在树上的猫很喜欢居高临下。对猫来说，爬上爬下相当于求生技能的练习。而猫身形柔软，所以轻轻地摔一下一般不会有事。对于正在学习“如何平安落地”的猫来说，我们人类总是在帮忙添乱。换句话说，就是在帮倒忙。也许它想说“哎呀，能不能别管我了呀”。

“举高高”只会让狗觉得恐惧

狗

狗大多都恐高。所以被举起时它的内心是抗拒的。

狗本来就是不喜欢高处的动物。很早以前，人类和猴子一样生活在树上，因此对于人类小孩来说，喜欢“举高高”在情理之中。但是像对待人类小孩那样对待狗就不合适了。如果你认为狗很喜欢那样做的话，不妨仔细观察一下。它都已经神情紧张、手足无措了呀。

嘿，
多吃点。
好呀，
开饭了。
不吃吗？
先生，
饭做好了！
唉，毫无进展……

猫

牛顿把饭都喂了猫，自己越来越瘦弱

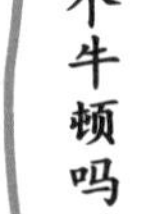
发现万有引力的那个牛顿吗？！为什么？

狗

北条高时因为沉迷于斗狗使幕府倒台

认真工作啊，喂！

牛顿把饭都喂了猫，自己越来越瘦弱

猫

即便是那么有名的科学家，在猫面前都心甘情愿投降了。

多不好意思呀！
我就不吃了……
来，你们吃吧……
颤颤巍巍……

发现万有引力定律的牛顿，其实也是爱猫人士。我们仿佛可以想象这样的画面：牛顿因沉迷于研究常常顾不上吃饭，有时他干脆直接把饭让给自己养的两只猫吃，于是，猫变得越来越圆、牛顿自己却更瘦了……

并且，牛顿还发明了猫专用的门——“猫洞”。在昏暗的房间中进行光学实验时，牛顿担心给猫开门会影

北条高时因为沉迷于斗狗使幕府倒台

狗

镰仓时代沉迷斗狗的将军北条高时。
要是能适可而止就好了……

哈哈哈，
狗果然有趣极了！
这样下去，
幕府肯定要完了
……
我们到底在
为谁效力……

响到实验，为此，他专门发明了猫洞。连牛顿的生活也得围着猫转呢。

北条高时是一位因过度沉迷斗狗游戏，最终导致镰仓幕府倒台的将军。他无心政治，专爱从全国各地搜集名犬，不仅锦衣玉食招待，甚至疯狂到命人用神轿抬着狗出行。

*幕府是日本古代一种权力曾一度凌驾于天皇之上的中央政府机构。其最高权力者为征夷大将军，亦称幕府将军。

Z Z Z……
Z Z Z……
嘿，
你快起来呀！

猫

猫的叫醒服务是为了提醒主人『喂饭』

哈？我只是『工具人』？

狗

狗变得磨磨蹭蹭，是因为『铲屎官』懒懒散散

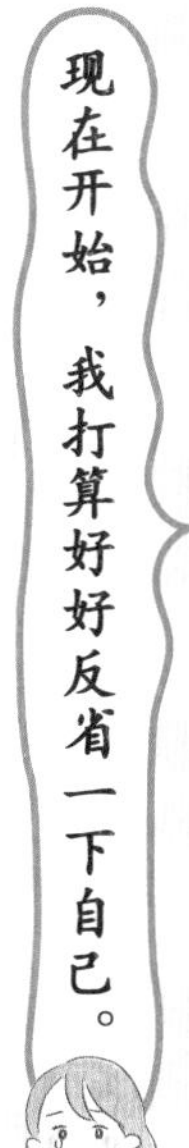
现在开始，我打算好好反省一下自己。

猫的叫醒服务是为了提醒主人“喂饭”

猫

我们只能每天观察『猫大人』的脸色，被它安排得明明白白。

猫是晨昏性动物*，所以到了早上，猫会叫主人起床。但那并不是在撒娇，只是它把你当成给它喂饭的工具人而已。如果你以为那是它在对你撒娇，你就是想太多了。对猫来说，你只能算是个好使唤的工具，注定被它玩弄于股掌之中。

对于习惯在集体中生活的狗来说，自己的表现不能比领队（即主人）更出头。所以，如果主人懒懒散散，

*晨昏性动物是指主要在黎明和黄昏时期活跃的动物，如一些蝙蝠、仓鼠、兔子等。

狗变得磨磨蹭蹭，是因为“铲屎官”懒懒散散

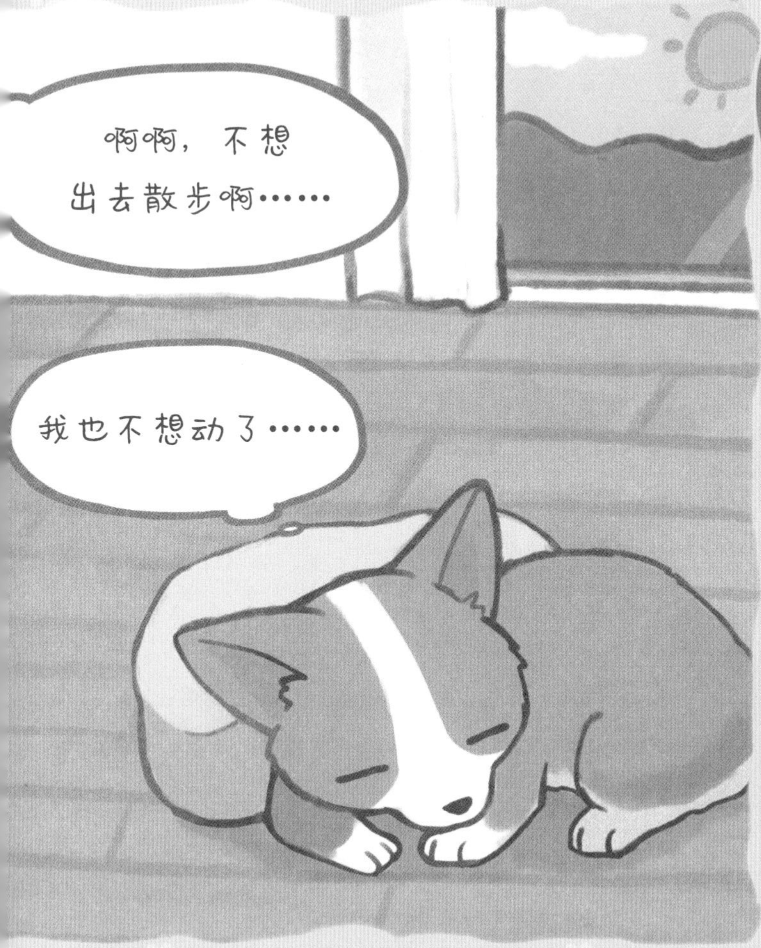

狗

狗变得磨磨蹭蹭，原因可能和作为主人的你有关！

狗也会跟从效仿，变得磨蹭。

但是，如果一直这样下去，狗就会觉得“这家伙没有资格命令我”，然后出现不听话、不受控制的“领袖症候群”现象。所以，不能这样下去。宠物主人应该做到生活规律有品位，并且要能够正确引导自己的宠物。只有这样才不会失去狗的信任。就像我们在面对朝令夕改的老师或者老板时，也会变得叛逆，不是吗？

结语

哎呀，这么快就看完了吗？如果这本书能够让你开怀大笑的话，我也就满足了。

对了，还有一件重要的事。大家还记得我在前言中提出的那个问题吗？关于“猫狗的行为方式，究竟哪一方更难以理解”，现在我要公布我的答案了。答案就是……半斤八两吧。因为对人类来说难以理解的部分，对于猫狗而言其实已经是它们十分努力演化后的结果了。

什么？我的回答太滑头了？嗯，我想你说的没错。

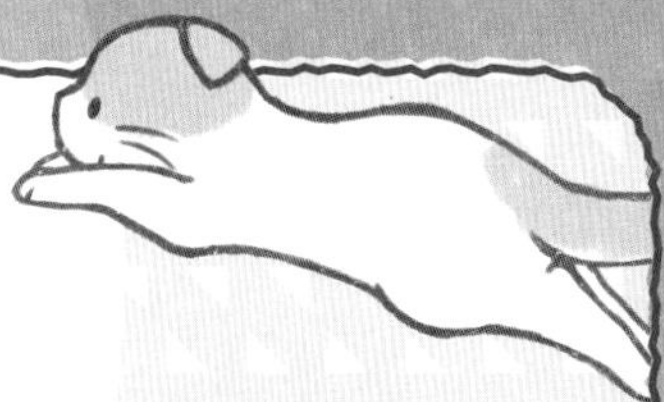

但是，如果不事先提出问题的话，大家可能很容易就会忽略猫狗的差异和它们不容易被理解的特点。因为即使是很简单的一个动作，如果你仔细观察，也会有新的发现。并且，我相信在经常可以接触到的猫和狗身上，一定还隐藏着更多有趣却容易被忽视的特点。

今泉忠明

你们人类也……
很难理解啊……
哈嗷嗷嗷嗷嗷
啊啊非常抱歉
哈？
原来只是……
哈啊——
啊
……梦啊。
你醒啦？
你醒啦？
所有的生物，都有难以被理解的部分啊。
所以，尽可能地互相理解，和谐共处才是最重要的。
今后也请你们多多包涵啦！

再见！